Damals bei uns in Westfalen
Alles unter Dach und Fach

Damals bei uns in Westfalen

Andreas Eiynck

Alles unter Dach und Fach

Bauen und Wohnen in altem Fachwerk auf dem Lande

güth Verlagsgesellschaft
4840 Wiedenbrück

Damals bei uns in Westfalen

Band 1	D. Sauermann/G. Schmitz,	**Alltag auf dem Lande** Bilder und Berichte aus dem Archiv für westfälische Volkskunde
Band 2	Andreas Eiynck,	**Alles unter Dach und Fach** Bauen und Wohnen in altem Fachwerk auf dem Lande
Band 3	Dietmar Sauermann	**Vom alten Brauch in Stadt und Land** Ländliches Brauchtum im Jahreslauf in Bildern und Berichten aus dem Archiv für für westfälische Volkskunde
Band 4	Fred Kaspar	**Alltagswelt in Kleinstadt und Dorf** Bilder, Berichte und Zeitzeugnisse aus westfälischen Archiven

1987 - 1. Auflage
1990 - 2. Auflage

Gesamtherstellung: Daake-Druck
4840 Rheda-Wiedenbrück
Printed in Germany
ISBN 3-922828-46-9

Vorwort

So 'ne alte Bruchbude...!
Ein Vorwort

Mit dem Beitrag „Alles unter Dach und Fach – Bauen und Wohnen in altem Fachwerk auf dem Lande" liegt der zweite Band der neuen Schriftenreihe „Damals bei uns in Westfalen" vor; weitere Bände zu Themen wie „Von altem Brauch in Stadt und Land" oder „Städte und Dörfer in Westfalen" sind geplant. Ziel dieser Schriftenreihe ist es, dem interessierten Laien in leicht verständlicher Form einen Einblick in die vielschichtigen Aufgaben, Quellen und Probleme der westfälischen Volkskunde zu vermitteln. Der große Anklang in der Bevölkerung, den der erste Band dieser Reihe zum Thema „Alltag auf dem Lande" gefunden hat, zeigt, daß ein breites Interesse an aktuellen volkskundlichen Themen durchaus vorhanden ist bzw. geweckt werden kann.

Der zweite Band behandelt nun das Bauen und Wohnen auf dem Lande, ein Thema, mit dem sich inzwischen eine Fülle von volkskundlicher Spezialliteratur beschäftigt hat, und das man vielleicht schon für einen „alten Hut" halten könnte. Wie wenig Verständnis für Bauernhäuser als historische Quelle der Alltagskultur aber bei vielen Zeitgenossen anzutreffen ist, besonders wenn die Häuser einfach und unscheinbar gebaut sind, hat erst jüngst ein breit angelegter Artikel im „Landwirtschaftlichen Wochenblatt" für Westfalen-Lippe gezeigt (1987, Heft 38). Unter dem Motto „So 'ne alte Bruchbude" wird dort für den Abriß eines Bauernhauses mit zugehörigem Speicher aus dem 18. Jahrhundert Stimmung gemacht, welches der Landeskonservator als das letzte erhaltene Fachwerk-Bauernhaus einer Gemeinde im Münsterland unter Denkmalschutz stellen wollte; eines Bauernhauses, wie es in diesem Buch in zahlreichen Beispielen nicht als ästhetisches oder nostalgisches Steckenpferd reicher Städter, sondern als Quelle und Zeugnis der Kultur- und Sozialgeschichte der Vorfahren eines Großteils der heutigen Bevölkerung unseres Landes dargestellt wird.

Es stimmt nachdenklich, wenn nach Jahrzehnten der Kriegszerstörung, der Neubau-, Umbau- und Sanierungswellen und den damit verbundenen großen Verlusten an historischer Bausubstanz gerade im ländlichen Raum auch heute noch – wirklich wider besseres Wissen? – so achtlos mit wertvollen Zeugnissen der Vergangenheit umgegangen wird. Andererseits zeigen inzwischen viele Hunderte von renovierten Bauernhäusern, die nun – vielfach auf nostalgisch getrimmt – von Ärzten, Lehrern, Professoren usw. bewohnt werden, daß in Zeiten des Strukturwandels der Landwirtschaft auch beim Erhalt der Bauernhäuser selber die Atmosphäre und die Lebenswirklichkeit, wie sie auf dem Lande „damals bei uns in Westfalen" herrschte, in ihrer Eigentümlichkeit so nicht konserviert werden kann. Diese umgebauten Bauernhäuser sind vielmehr ein geistiger Ausdruck der Menschen des späten 20. Jahrhunderts.

Viele Landbewohner dagegen haben eine Konservierung ihrer überkommenen Wohn- und Lebensverhältnisse – teils unbewußt, teils schweren Herzens – abgelehnt, weil auch sie verständlicherweise an den Neuerungen der Gesellschaft, der Kultur und der Landwirtschaft teilhaben wollten. Denn die „alte Zeit" ist in den meisten Fällen nur in den Augen romantisierender Zeitgenossen auch die „gute alte Zeit“ gewesen.

So muß es denn Aufgabe der Volkskunde sein, sich mit dem alltäglichen Leben breiter ländlicher Bevölkerungsschichten in vorindustrieller Zeit wie auch im Industriezeitalter auseinanderzusetzen. Dabei dürfen aber nicht die sogenannten „kulturellen Werte“ der Vergangenheit zum alleinigen Maßstab erhoben werden, um dann den fortschreitenden „Kulturverlust“ unserer Zeit zu beklagen. Vielmehr muß das Leben in früherer Zeit in seiner ganzen Bandbreite und auch in seinem Wandel beachtet werden. Nostalgische Verklärung ist hier fehl am Platze – vielmehr ist wissenschaftliche Erklärung gefordert. Doch die hierbei zur Verfügung stehenden Quellen in Wort und Bild entziehen sich nicht eines gewissen Reizes, der den Betrachter sehr rasch in eine nostalgisch verklärte „heile Welt“ versetzen kann, die es so nie gegeben hat. Ziel muß es daher sein, es nicht bei diesem „Reiz des Exotischen“ zu belassen, sondern die Leser dieses Buches zu einem breiteren Verständnis und zu einer tieferen Auseinandersetzung mit der Alltagsgeschichte unserer Vorfahren anzuregen.

Schon kurz nach dem Erscheinen des ersten Bandes dieser Reihe wurde aber auch Kritik laut, die Kritik einiger Volkskundler-Kollegen, denen der Inhalt und vor allem wohl auch die Aufmachung der Reihe zu unwissenschaftlich, zu undifferenziert und zu nostalgisch erschien – dabei handelte es sich doch bei Band 1 um eine reine Quellenpublikation von Bildern und Berichten aus Archivbeständen. Die Frage, wie unwissenschaftlich Wissenschaft sein darf, wird wohl ein ewiger Streitpunkt bleiben. Unzweifelhaft besteht aber die dringende Notwendigkeit, auch breiten Bevölkerungsschichten die Ergebnisse langjähriger wissenschaftlicher Sammel-, Dokumentations- und Forschungstätigkeit einer – zumal öffentlich finanzierten – Institution wie z.B. der Volkskundlichen Kommission für Westfalen, welche den ersten Band dieser Reihe herausgegeben hat, in ansprechender und allgemein verständlicher Form darzulegen. Diesem Anliegen fühlt sich auch dieser Band verpflichtet, der zu eben diesem Zweck die wertvolle Unterstützung zahlreicher Fachkolleginnen und -kollegen erhielt, denen an dieser Stelle mein herzlicher Dank gilt.

Zu nennen sind an erster Stelle zwei bekannte Vertreter der westfälischen Hausforschung, Prof. Dr. Josef Schepers, Gründer und langjähriger Leiter des Freilichtmuseums Detmold, und Dr. Fred Kaspar, Konservator am Westfälischen Amt für Denkmalpflege, die aufgrund eigener Vorarbeiten zahlreiche wichtige Hinweise gaben. Ferner die Freunde und Kollegen am Volkskundlichen Seminar und bei der Volkskundlichen Kommission in Münster, unter denen besonders Frau Gerda Schmitz als stets aufmerksame Zuhörerin und hilfsbereite Informantin genannt sei. Sie alle haben mich in meiner Münsteraner Studienzeit in menschlich und fachlich gleichermaßen angenehmer Weise begleitet. Anerkennung gebührt aber auch den unterschiedlichen hier zitierten Autoren, die sich schon früh mit dem westfälischen Bauernhaus auseinandersetzten, sowie vor allem den unermüdlichen Fotografen, die – wegen ihrer Motive oftmals belächelt – in den letzten 100 Jahren das hier verwendete Bildmaterial auf Platten und Filmen festhielten und ohne deren Einsatz vieles hier gezeigte für immer undokumentiert verschwunden wäre. Und nicht zuletzt sei auch Prof. Dr. Dr. h.c. Günter Wiegelmann, Direktor des Volkskundlichen Seminars in Münster und Vorsitzender der Volkskundlichen Kommission für Westfalen, genannt, der mich für die Erstellung dieses Bandes – wieder einmal – eine Zeitlang von vielen anderen, mir sicher weniger angenehmen Aufgaben befreite.

Münster, am Erntedankfest 1987
Andreas Eiynck

Abb. 1) „Halwe Döör" (halbe Tür). Bauer Heinrich Wortmann in Hiddenhausen, Kr. Herford, in der Seitentür seines Hauses. Das Haus besaß damals noch ein Strohdach, die Fenster zeigten noch die alte Bleiverglasung. (Aufnahmejahr: 1935)

Zur Materialgrundlage dieses Buches

Die Wohn- und Lebensverhältnisse breiter Bevölkerungsschichten in vorindustrieller Zeit sind in den letzten Jahren durch die historische volkskundliche Forschung stark in das Blickfeld einer breiten interessierten Öffentlichkeit gerückt. Freilichtmuseen, Heimathäuser und Brauchtumspflege sind die eine, Fachwerk-Historismus und Folklorismus die andere Seite dieser Entwicklung. Einer breiten Palette von fundierten volkskundlichen Publikationen[1] und Ausstellungen[2] zu diesen Themen steht dabei immer wieder ein falsches Geschichtsbild von der „Guten alten Zeit" bei Lesern und Besuchern gegenüber. Wie aber war diese Zeit wirklich und wie kann man ein anschauliches, leicht verständliches Bild von ihr entwerfen, ohne dabei einem romantisierenden Rückblick zu verfallen?

Der folgende Band versucht dies durch die Gegenüberstellung zweier möglichst anschaulicher, authentischer Quellen, nämlich von Reisebeschreibungen und Berichten des 18. und 19. Jahrhunderts sowie von historischen Photoaufnahmen der Zeit seit etwa 1890. Gerade diese beiden Quellengruppen sind zwar einerseits sehr subjektiv, geben sie doch immer den persönlichen, eng begrenzten Blickwinkel der Verfasser wieder, sie zeigen aber andererseits eine sehr direkte und unreflektierte Auffassung der Realität, wie sie wissenschaftlichen Arbeiten im allgemeinen fremd ist.
So wird in manchen historischen Beschreibungen das niederdeutsche Hallenhaus als Musterbeispiel ökonomischen Bauens geschildert, in anderen dagegen als Inbegriff einer primitiven und rückständigen Wohn- und Lebensweise, während wieder andere das Bauernhaus bereits aus einer romantisch verklärten Perspektive betrachten. Maßgeblich für die „Beurteilungen" des Bauernhauses, und solche bilden gegenüber den rein sachlichen Beschreibungen ganz eindeutig die Mehrzahl, waren also stets die persönliche Lebenseinstellung und der jeweilige Erfahrungshorizont des Autors[3].

Auch die Abbildungen, eine kleine Auswahl aus der rund 40.000 Aufnahmen umfassenden Häuserkartei im Bildarchiv der Volkskundlichen Kommission für Westfalen, geben keineswegs einen repräsentativen Querschnitt der erhaltenen ländlichen Bausubstanz. Vielmehr wurden seit Beginn der dortigen wissenschaftlichen Dokumentationstätigkeit stets besonders gut erhaltene ältere Gebäude aufgenommen, die eigentlich schon veraltet und für den Aufnahmezeitpunkt bereits untypisch, somit aber auch „sammel- und erhaltenswert" geworden waren. Die Aufnahmen spiegeln also nicht die Entwicklung des ländlichen Bauwesens seit dem späten 19. Jahrhundert, sondern zeigen zumeist ältere Zustände des 17. und 18. Jahrhunderts, die im Einzelfall meist zufällig bewahrt geblieben waren. Darin liegen die Grenzen, aber auch die Möglichkeiten dieses Archivbestandes, denn nirgendwo anders, weder in Denkmalämtern noch in staatlichen Archiven, ist Bildmaterial zur Lebens- und Wohnweise der breiten ländlichen Bevölkerung in dieser Art und dieser Breite dokumentiert.

Eingeschränkt werden muß aber, daß schon zu Beginn dieses Jahrhunderts eine vollständige Übersicht von Bauten des 17., 18. und frühen 19. Jahrhunderts nicht mehr möglich war. Gerade auf den großen Höfen hatte man damals schon zahlreiche Neu- und Umbauten vorgenommen, während die älteren Zustände vor allem bei den unteren Sozialschichten länger anzutreffen waren. So ist die rückwärts gerichtete Art der Materialsammlung letztlich nicht nur der Spiegel zeitlichen Wandels, sondern auch sozialer Unterschiede. Der Fachwerkbau des Westmünsterlandes ist, um nur ein Beispiel zu nennen, in der Bildkartei praktisch nur durch Kleinbauern- und Heuerlingshäuser repräsentiert – die Haupthäuser auf den großen Höfen waren seit der Zeit um 1800 als massive Backsteinbauten aufgeführt und wurden deshalb bei der Bildaufnahme nur wenig berücksichtigt.

Überhaupt sind die Neu- und Umbauwellen des späten 19. und des 20. Jahrhunderts, die das Erscheinungsbild der heutigen ländlichen Siedlung ganz entscheidend beeinfluß haben, in dieser Sammlung kaum vertreten. Die von regionalen Eigenheiten weitgehend unabhängigen Bauweisen des Historismus, der Einzug der modernen Villa auf dem Lande, die Aufgabe des Wohnens im Hallenhaus und der Durchbruch der modernen Landwirtschaft mit ihren neuartigen Wohn- und Betriebsformen sind hier bislang noch nicht dokumentiert.

So ist dieses Buch nicht als rein wissenschaftliche Quellenedition zum Wandel des Hausbaus in den letzten 250 Jahren zu verstehen. Es will vielmehr bei einem breiten Kreis von Lesern das Interesse an der Beschäftigung mit den Wohn- und Lebensverhältnissen ihrer Vorfahren wecken und kann dabei nur einzelne Anstöße zu einer intensiveren, auch kritischen Auseinandersetzung mit der Geschichte, Volkskunde und Hausforschung Westfalens geben.

Dabei wird sich rasch zeigen, daß die „alte Zeit" nicht immer auch die „gut alte Zeit" war. So handelt denn dieses Buch auch nicht so sehr von der „Schönheit alten Fachwerks", sondern ebenso von den ärmlichen oder zumindest einfachen Lebensumständen der ländlichen Bevölkerung, die eben nicht nur aus wohlhabenden Bauern, sondern in der Mehrzahl aus Kleinbauern, Pächtern, Landarbeitern und Handwerkern bestand. Ihr aus heutiger Sicht schon sehr exotisch anmutendes Wohnen im sogenannten „Rauchhaus" – ohne Schornstein, Mensch und Vieh unter einem Dach, ja in einem großen Raum, ohne elektrischen Strom, fließend Wasser und Zentralheizung – hat schon bei den gelehrten Autoren des 18. Jahrhunderts einen tiefen Eindruck hinterlassen und wirkt auf den heutigen Leser noch befremdlicher. Dabei sind die letzten Zeugen dieser archaischen Lebensform erst in den letzten Jahren aus unserer hochtechnisierten Welt verschwunden, die sich mit ihren ökologischen Bewegungen gleichzeitig schon wieder auf alte, jetzt „alternative" Werte besinnt.

Alltag auf dem Lande war aber nicht nur Arbeit und Armut. Zumindest die wohlhabenden Bauern hatten schon immer den Wunsch nach Repräsentation, der sich auch im Bau des Hauses und in seiner Einrichtung bemerkbar machte. Konnten Kleidung und Hausrat von den niedrigeren Sozialschichten noch rasch nachgeahmt werden, waren bei einem so aufwendigen Produkt wie einem Gebäude die finanziellen Grenzen deutlicher erkennbar. So zeigen die alten Bauernhäuser und ihre Einrichtung oft eine erstaunlich gute handwerkliche und ästhetische Qualität, die sich nicht nur in reichem Zierrat, sondern auch in sorgfältiger und solider Verarbeitung äußert. Im Zeitalter von Hochtechnik und Massenproduktion werden diese Werte wieder geschätzt und in Form von Bauernmöbeln oder Volkskunst in das bürgerliche Wohnzimmer geholt oder als Blendfachwerk vor die moderne Fassade gesetzt.

Eigentlich steht unser Bild von der bäuerlichen Vergangenheit immer in einem Spannungsverhältnis zwischen der ästhetisch beeinflußten Vorstellung von der „guten alten Zeit" und dem sozialgeschichtlichen Hintergrundwissen von Armut und Not bei breiten Bevölkerungsschichten. Und immer wieder stellt sich dabei die Frage: Waren sie damals trotzdem glücklicher? Dieses zwiespältige Bild von der Vergangenheit braucht der moderne Mensch offenbar – zum einen, um sich aus einer positiven Tradition heraus zu definieren, zum anderen aber, um aus dem Vergleich mit früheren Zeiten seinen eigenen Fortschritt zu rechtfertigen.

Abb. 2) Ansicht des Wirtschaftsgiebels auf dem Sattelmeierhof Meier-Johann in Oldinghausen, Kr. Herford. Das äußere Erscheinungsbild des Hauses wird durch enggestelltes Fachwerk und eine Ziegel-Zierausmauerung geprägt. (1957)

Abb. 3) Haupthaus aus der Zeit um 1800 auf dem Hof Stövesand in Harsewinkel-Überems, Kr. Warendorf. Links der Wirtschaftsgiebel mit dem Einfahrtstor, rechts der Wohnteil mit der seitlichen Haustür. Im Giebeldreieck Andreaskreuze als Zierfachwerk. (1965)

Abb. 4) Der Bauer Jan Vrieling mit Familie vor seinem Haus in Bathorn bei Georgsdorf, Kr. Bentheim. Die Häuser im nordwestlichen Westfalen zeigen zumeist schlichtes Fachwerk und verbretterte Steilgiebel.

Das niederdeutsche Hallenhaus

Bei allen vielfältigen und kleinräumigen Sonderformen der westfälischen Bauernhäuser in Konstruktion, Raumgliederung und Baugestaltung überwiegen doch die Gemeinsamkeiten. Alle westfälischen Bauernhäuser zeigen nämlich im Prinzip das gleiche Nutzungsmuster, das heißt sie „funktionieren“ nach dem einheitlichen Schema des niederdeutschen Hallenhauses, bei dem die Stallungen des Viehs, die Wohnung des Bauern und der Lagerraum für die Ernte unter einem Dach zusammengefaßt sind.

Dieser Haustyp, den man früher auch wohl als „Niedersachsenhaus“ bezeichnete, ist im gesamten nordwestdeutschen Raum vom nördlichen Rheinland über die östlichen Niederlande und Westfalen, ganz Niedersachsen und Schleswig-Holstein bis nach Brandenburg, Mecklenburg und Pommern verbreitet[4]. Er zeichnet sich vor allem durch seine dreischiffige Gliederung in eine breite, hohe Diele im Mittelschiff und in kleinteiliger durchgebaute Räumlichkeiten in den beiden Seitenschiffen aus. Funktional ist das Haus in einen Wohn- und einen Wirtschaftsteil aufgeteilt. Das Mittelschiff enthält im Wirtschaftsteil einen großen Arbeits- und Verkehrsraum, die Diele, die vielfältig genutzt werden kann, etwa als Dreschtenne, Futtergang oder Abstellraum. In den Seitenschiffen links und rechts der Diele sind die Stallungen des Großviehs sowie die Schlafräume des Gesindes untergebracht.

Bis ins 18. Jahrhundert setzte sich die Diele bei den meisten Bauernhäusern ohne Trennwand bis in den Wohnteil fort. Ihren Mittelpunkt bildete dort die offene Feuerstelle, die ganzjährig als Kochherd und im Winter auch als Wärmequelle diente. Die Form der Feuerstelle konnte stark unterschiedlich ausgeprägt sein (vgl. das folgende Kapitel), gemeinsam war fast allen Bauernhäusern aber bis ins 18. Jahrhundert das Fehlen eines Schornsteins, so daß der Rauch sich über der Herdstelle staute und über Luken bzw. durch den Dachraum nach außen geleitet werden mußte.[5]

Abb. 5) Das Bauernhaus Hermesch in Bovinghausen bei Damme in Oldenburg. Zwei-Ständer-Bau mit hohen Abseiten; Wandfüllungen teilweise aus Backstein, teilweise aus weiß gekälktem Lehmflechtwerk. (Um 1930)

Abb. 6) Vierständer-Haupthaus von 1806 auf dem Hof Osterholz in Offelten, Kr. Herford. Die Giebelspitze ist durch rautenartiges Fachwerk und einen „Geck“ betont.

Abb. 7) Der Hof Berner in Wulften, Kr. Bersenbrück, besitzt eine der reichsten und am besten erhaltenen Hofanlagen des 18. Jahrhunderts im Artland. Kennzeichnend sind das enggestellte Fachwerk und die mehrfachen Verkragungen der Giebel, sowie die rechtwinklige Anlage der Nebengebäude. (Um 1930)

Abb. 8) Dieses kleine Bauernhaus in Großendorf, Kr. Lübbecke, war als sog. „Doppelkotten" an zwei Landarbeiterfamilien verpachtet, die je eine Hälfte des Hauses bewohnten. (1902)

Die Wohnräume, wenn man von solchen überhaupt schon sprechen darf, beschränkten sich in diesen Häusern zumeist auf kleine Verschläge oder zur Diele hin offene „Luchten“ in den Seitenschiffen. Nicht in allen Regionen und vor allem nicht bei den unteren Sozialschichten gab es ein sogenanntes Kammerfach, welches an den Herdraum angefügt war und mehrere Wohn- und Arbeitsräume enthalten konnte.

Der Dachraum des niederdeutschen Hallenhauses dient als Lagerboden für Heu und Getreide. So mußte die Ernte zwar mühsam auf den Dachboden gehievt werden, konnte aber im Rauchhaus mit dem Rauch der offenen Herdstelle konserviert werden.

Die wohl eindrucksvollste Schilderung der Lebensweise in einem Hallenhaus stammt aus der Feder des Osnabrücker Staatsmanns Justus

„In großen Hütten, die man Häuser nennt, lebt eine Art von Tieren, die man Menschen nennt . . .“

Möser und wurde 1767 unter dem Titel „Die Häuser des Landmanns im Osnabrückischen sind in ihrem Plan die besten“ veröffentlicht. Diese Schrift war gedacht als Antwort auf die vernichtende Kritik des französischen Aufklärers Voltaire, der bei einer Reise von Wesel aus nach Westfalen festgestellt hatte:

„Bald danach durchquerten wir das weite, trostlose, unfruchtbare und schauerliche Westfalen... In großen Hütten, die man Häuser nennt, lebt eine Art von Tieren, die man Menschen nennt, in dem herzlichsten Beieinander mit anderen Haustieren... Eine harte, schwarze und klebrige Masse, die, wie man behauptet, aus einer Art Roggen hergestellt wird [gemeint ist das westfälische Pumpernickel] ist die Nahrung der Hausbewohner... In ihren verräucherten Hütten mit solch abscheulicher Nahrung sind diese Menschen der Vorzeit gesund, kraftvoll und fröhlich...“[6]

Demgegenüber stellt Möser vor allem die positiven Eigenschaften des Wohnens im niederdeutschen Hallenhaus heraus, wenn er entgegnet: „Der Heerd ist fast in der Mitte des Hauses, und so angelegt, daß die Frau, welche bei demselben sitzt, zu gleicher Zeit Alles übersehen kann. Ein so großer und bequemer Gesichtspunkt ist in keiner anderen Art von Gebäuden. Ohne von ihrem Stuhle aufzustehen, übersieht die

Abb. 9) Der Gräftenhof Schulze Osterhoff in Nienberge-Schonebeck bei Münster mit dem Haupthaus von 1793, das heute im Freilichtmuseum „Mühlenhof“ in Münster zu sehen ist. Typisch für das münsterländische Bauernhaus sind das weite Fachwerk und der verbretterte Steilgiebel. (1965)

Abb. 10) Ansicht des Hofes Henke in Westscheid, Kr. Minden-Lübbecke, mit einem großen Vier-Ständer-Haupthaus. Man beachte den reich beschnitzten Torbogen. (1926)

Wirthin zu gleicher Zeit drei Thüren, dankt denen, die herein kommen, heißt solche bei sich niedersetzten, behält ihre Kinder und Gesinde, ihre Pferde und Kühe im Auge, hütet Keller, Boden und Kammer, spinnet immerfort und kocht dabei.

Ihre Schlafstelle ist hinter diesem Feuer, und sie behält aus derselben eben diese große Aussicht, sieht ihr Gesinde zur Arbeit aufstehen und sich niederlegen, das Feuer anbrennen und verlöschen, und alle Thüren auf- und zugehen, hört ihr Vieh fressen, die Weberin schlagen, und beobachtet wiederum Keller, Boden und Kammer. Wenn sie im Kindbette liegt, kann sie noch einen Theil dieser häuslichen Pflichten aus dieser ihrer Schlafstelle wahrnehmen.

Jede zufällige Arbeit bleibt ebenfalls in der Kette der Übrigen. So wie das Vieh gefüttert und die Drösche gewandt ist, kann sie hinter ihrem Spinnrade ausruhen, anstatt daß in anderen Orten, wo die Leute in Stuben sitzen, so oft die Hausthür aufgeht, jemand aus der Stube dem Fremden entgegengehen, ihn wieder aus dem Hause führen, und seine Arbeit so lange versäumen muß.

Der Platz bei dem Heerde ist der schönste unter allen. Und wer den Heerd der Feuersgefahr halber von der Aussicht auf die Deele absondert, beraubt sich unendlicher Vortheile. Er kann sodann nicht sehen, was der Knecht schneidet und die Magd füttert. Er hört die Stimme seines Viehes nicht mehr, die Einfahrt wird ein Schleichloch des Gesindes, seine ganze Aussicht vom Stuhle hinterm Rade am Feuer geht verloren; und wer vollends seine Pferde in einem besonderen Stalle, seine Kühe in einem andern, und seine Schweine im dritten hat, und in einem eigenen Gebäude drischt, der hat zehnmal so viel Wände und Dächer zu unterhalten, und muß den ganzen Tag mit Besichtigen und Aufsicht haben zubringen.

Ein rings umher niedriges Strohdach schützt hier die allezeit schwachen Wände, hält den Lehm trocken, wärmt Haus und Vieh, und wird mit leichter Mühe von dem Wirthe selbst gebessert. Ein großes Vordach schützt das Haus nach Westen, und

Abb. 11) Familienidylle am Herdfeuer auf dem Hof Woltering in Lette, Kr. Coesfeld. (Um 1930)

Abb. 12) Backen von „Iserkauken" (Neujahrskuchen) am Herdfeuer eines Bauernhauses in der Nähe von Steinfurt. Über dem Herdfeuer hängt der große Wasserkessel, links an der Kaminwand das Salzfaß. (Um 1900)

deckt zugleich die Schweinekoben; und um endlich nichts zu verlieren, liegt der Mistpfuhl vor der Ausfahrt, wo angespannet wird. Kein Vitruv ist im Stande, mehrere Vortheile zu vereinigen."[7]

Sicher ist diese Beschreibung in der Tendenz idealisierend ausgerichtet, was schon am Vergleich des Hallenhauses mit den genialen Schöpfungen des römischen Architekturtheoretikers Vitruv deutlich wird. Das Hallenhaus in der von Möser beschriebenen Anlageform wurde aber den Bedürfnissen des bäuerlichen Wohnens und Wirtschafts in Nordwestdeutschland so sehr gerecht, daß es über mehrere Jahrhunderte den üblichen häuslichen Rahmen des Lebens breiter Bevölkerungsschichten in diesem Raum bildete.

Die westfälischen Hallenhäuser lassen sich grob in drei Untergruppen mit verschiedenen Grundrißformen einteilen, die sich vor allem in der unterschiedlichen Anordnung und Ausprägung der Seitenschiffe, der Flettzone und des Kammerfaches unterscheiden.[8]

Beim Durchgangshaus oder „Loss Hues", das vor allem in den nordwestlichen Bereichen Westfalens verbreitet war, geht die Diele übergangslos vom Wirtschaftsteil in den Herdraum über, dem nur in den Seitenschiffen kleine Kammern oder Verschläge zugeordnet sind. Da beim Durchgangshaus kein Kammerfach vorhanden ist, kann hier die Herdstelle vom Wohngiebel aus belichtet werden. Dort befindet sich auch die Haustür, so daß man vom Wohngiebel bis zum Wirtschaftsgiebel einmal längs durch das Haus „durchgehen" kann.

Beim Flettdielenhaus schließt sich an die längsgerichtete Wirtschaftsdiele ein quer durch das Haus verlaufender Herdraum, das sogenannte Flett, an. Das Flett wird durch die Fenster in den Traufwänden der zum Mittelschiff offenen sogenannten Luchten belichtet, so daß bei einem solchen Haus problemlos ein Kammerfach an den Herdraum angefügt werden kann. Häuser mit dieser Grundrißform finden sich in weiten Teilen Westfalens und Niedersachsens, sie bilden gleichsam die „klassische" Form des niederdeutschen Hallenhauses.

Beim Durchgangsdielenhaus konn-

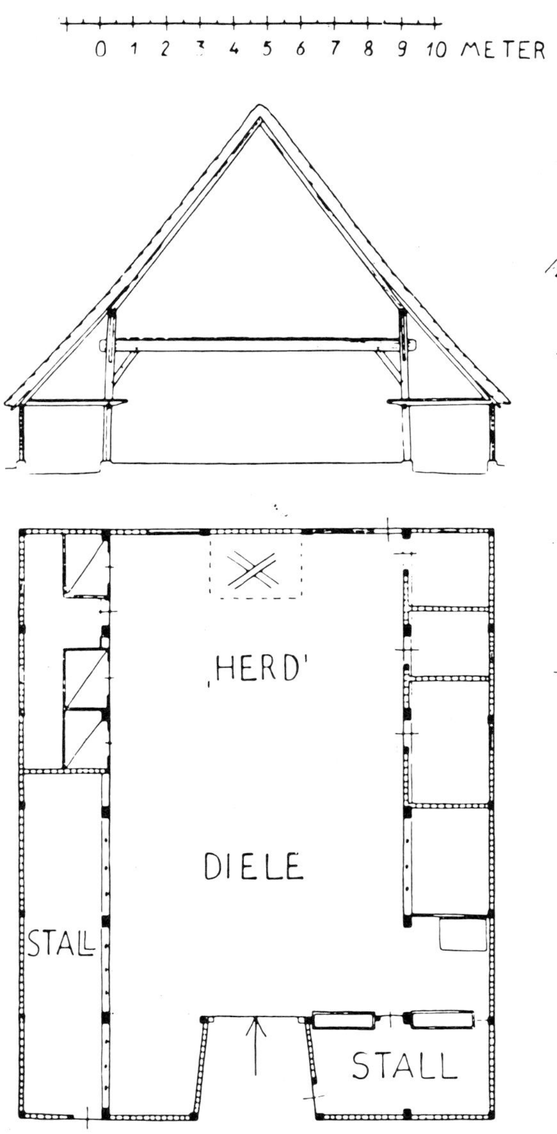

Abb. 13) Durchgangshaus (Mittelschiff mit Diele und Herdraum) in Vreden-Lünten, Kr. Ahaus, aus der Zeit um 1700;

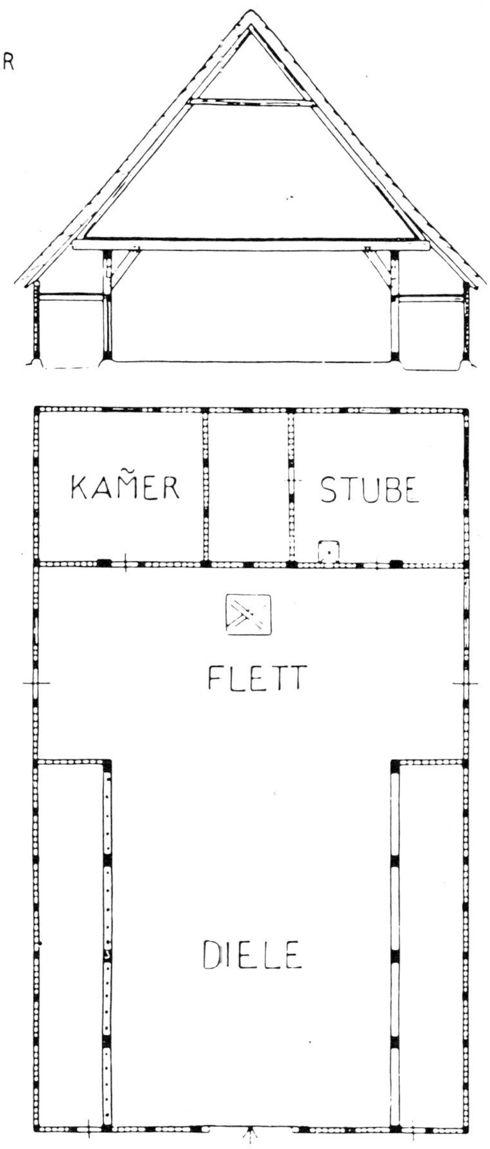

Abb. 14) Flettdeelenhaus (Diele mit beidseitigen Luchten; angebautes Kammerfach) aus dem Jahre 1656 in Kohlau, Kr. Uelzen);

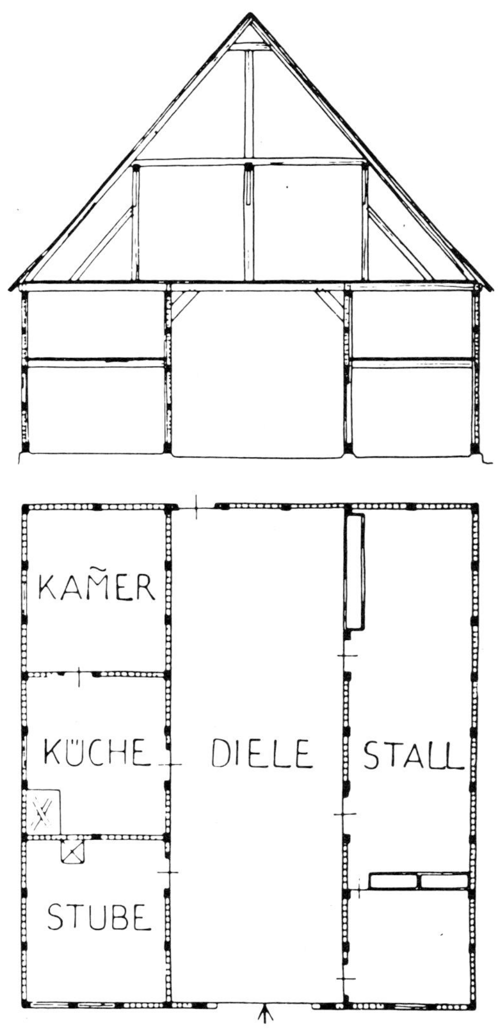

Abb. 15) Durchgangsdielenhaus (Diele als reiner Verkehrsraum, Herdstelle im Seitenschiff) von 1729 in Gondelheim, Kr. Höxter. (Nach G. Eitzen)

ten durch den zweigeschossigen Ausbau der Seitenschiffe die Wohnfunktionen der Diele weitgehend auf die zahlreichen Kleinräume in den Wohn-Seitenschiff verlagert werden. Die Diele dient hier nicht mehr als Herd- und Wohnraum, sondern nur noch als zentraler Verkehrs- und Arbeitsraum. Diese Grundrißform wurde unter frühneuzeitlichem städtischen Einfluß in den Bauerndörfern des südöstlichen Westfalens nach dem Vorbild bürgerlicher Wohnformen entwickelt und ist vor allem im Oberweserraum verbreitet.[9]

Das niederdeutsche Hallenhaus blieb im westfälischen Raum bis in die zweite Hälfte des 19. Jahrhunderts von dominierender Bedeutung, die letzten Hallenhäuser wurden noch nach dem Zweiten Weltkrieg neu errichtet. Seit dem 18. Jahrhundert setzten aber schon zahlreiche Neuerungen ein, die vor allem den Wohnteil des Hauses und hier besonders die heizbaren Räume – Küche und Stube – betrafen. Diese Änderungen, auf die im Folgenden noch näher einzugehen sein wird, hatten vor allem zwei Ursachen: Zum einen obrigkeitliche Verordnungen, die eine energiesparende und feuersichere Anlage der Feuerstellen bewirken sollten, zum anderen aber auch den Wunsch der ländlichen Bevölkerung nach Einrichtung bequemer Wohnräume, die dem Standard bürgerlicher Wohnkultur entsprechen sollten.

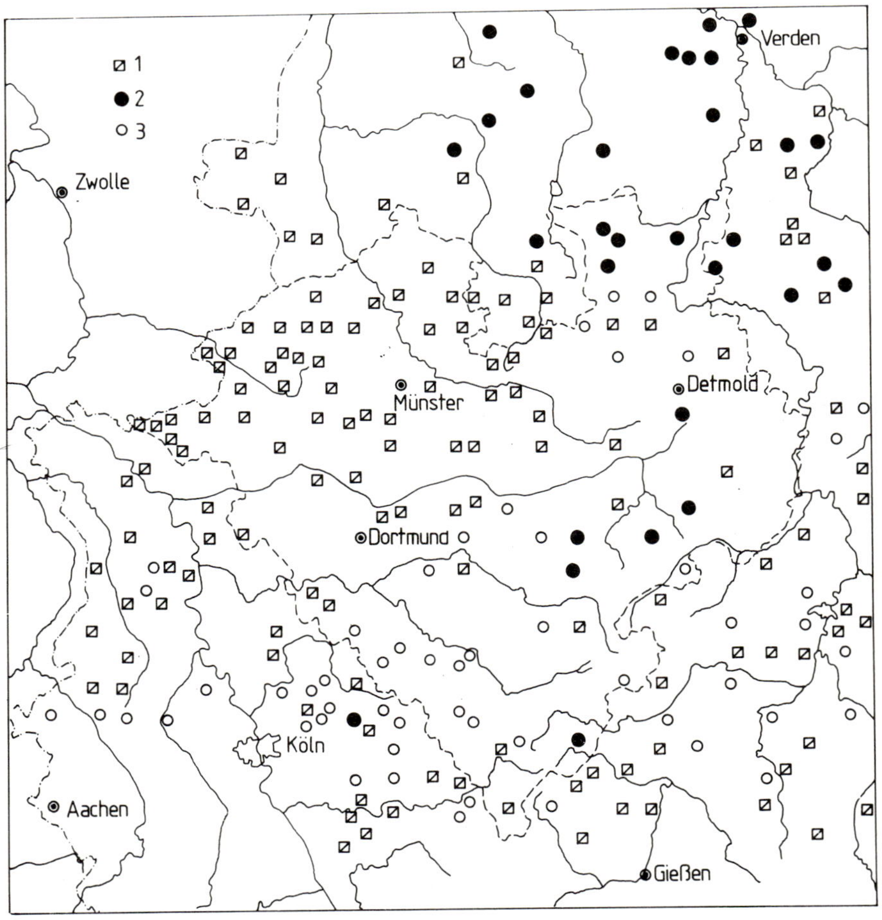

Abb. 16) Ableitung des Rauches des offenen Herdfeuers im westfälischen Bauernhaus nach der Umfrage des Atlas der deutschen Volkskunde von 1965-1970:

1 = Rauchfang und Schornstein (in Nordwesten ebenerdiger Wandkamin, im Osten erhöhte Feuerstelle auf einem gemauerten Sockel),
2 = freier Rauchabzug (vor allem im nördlichen Westfalen);
3 = unbekannt, offenes Herdfeuer schon früh, vor 1870 aufgegeben (vor allem im Süderbergland).

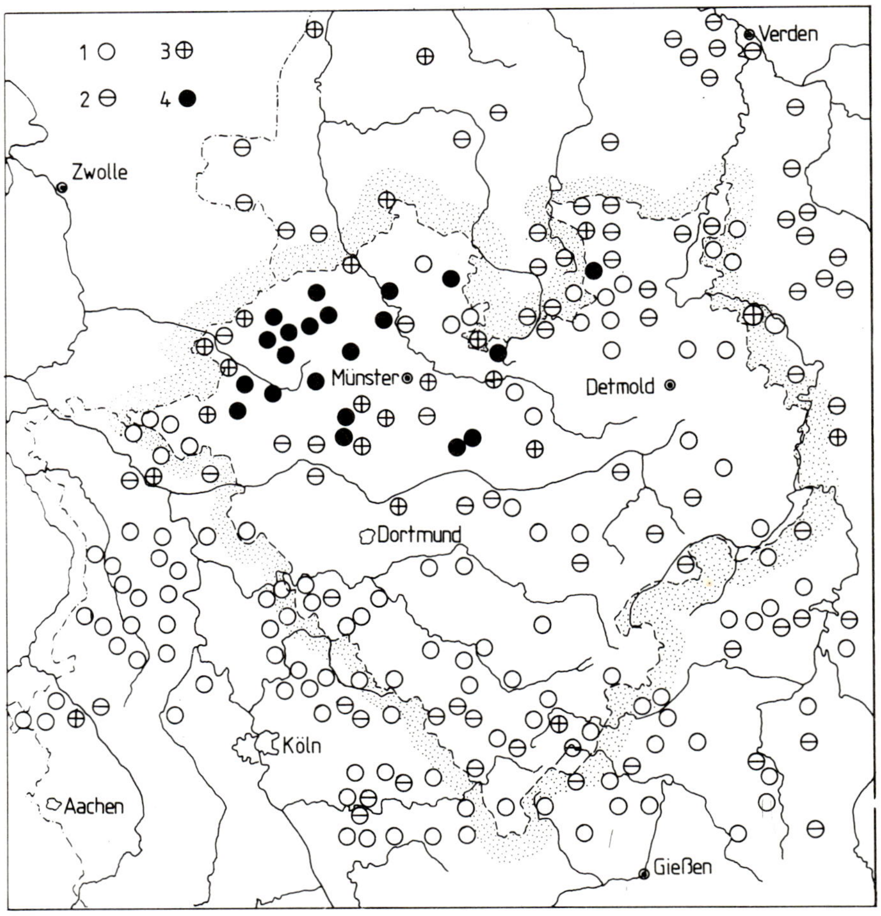

Abb. 17) Bis wann gab es das offene Herdfeuer im Bauernhaus? Ergebnisse der Umfrage des Atlas der deutschen Volkskunde von 1965-1970:

1 = unbekannt, schon vor 1870 aufgegeben (vor allem im Süderbergland)
2 = bis zum 1. Weltkrieg (vor allem im nördlichen Westfalen);
3 = bis zum 2. Weltkrieg (vereinzelt in ganz Westfalen),
4 = bis heute üblich (vor allem im Münsterland).

Abb. 18) Auch im westfälischen Bürgerhaus war das offene Herdfeuer weit verbreitet. Das Kalenderbild zum Monat Januar auf der 1540 von Ludger tom Ring d.Ä. fertiggestellten Domuhr in Münster zeigt das Backen von Neujahrskuchen in der Küche eines münsteraner Bürgerhauses.

Die Herdstelle im niederdeutschen Hallenhaus

Den räumlichen und funktionalen Mittelpunkt eines niederdeutschen Hallenhauses bildete stets die offene Feuerstelle am Wohnende der Diele. In den meisten Haushalten war sie die einzige Wärmequelle, die zugleich als Kochstelle und als Heizung diente. Außerdem konservierte der Rauch des Herdfeuers die auf dem Dachboden lagernden Erntevorräte. Somit nahm die Herdstelle im alltäglichen Leben der bäuerlichen Familie eine zentrale Stellung ein: Die Hausfrau bereitete hier tagsüber die Mahlzeiten zu und in den Abendstunden, besonders in der kühleren Jahreszeit, bildete das wärmende Feuer den Versammlungsort der bäuerlichen Familie und des Gesindes.[10]

In einigen Landschaften im östlichen Westfalen und ganz allgemein auf den größeren Höfen hatte man spätestens seit der Zeit um 1600 auch schon heizbare Sonderräume, etwa die ofenbeheizte Stube oder den Saal mit offenem Wandkamin. Bei den unteren Sozialschichten, insbesondere bei den Heuerlingen im altwestfälischen Nordland, mußten sich dagegen häufig zwei oder mehr Familien nicht nur ein Haus, sondern sogar eine Feuerstelle teilen.[11] So zeigen gerade die Anzahl und die Art der Feuerstellen sehr deutlich die soziale Stellung eines Haushaltes. In früheren Jahrhunderten hat man sich diese Tatsache für eine sozial gestaffelte Besteuerung der Bevölkerung zunutze gemacht und bei den sogenannten „Feuerstättenschätzungen" die Beiträge der einzelnen Haushalte nach der Anzahl ihrer Feuerstellen festgelegt. So mußte etwa ein Großbauer, dessen Haus über Herdfeuer, Saalkamin und Stubenofen verfügte, den dreifachen Betrag dessen entrichten, was ein kleiner Kötter mit nur einer Herdstelle zu zahlen hatte.[12)]

Die Feuerstellen waren in den verschiedenen westfälischen Hauslandschaften recht unterschiedlich ausgeführt und änderten sich im Laufe der letzten 300 Jahre recht häufig.[13)] Kennzeichnend für das mittelalterliche und frühneuzeitliche Herdfeuer war eine offene, nur leicht in den Boden eingetiefte oder mit Steinen eingefaßte, frei umgehbare Feuerstelle ohne Rauchabzug. Der Rauch mußte sich hier durch Türen und Fenster bzw. über den Dachboden und durch das Strohdach seinen Weg ins Freie suchen. Über dem Feuer konnte ein sogenanntes Feuerrähm, eine Art Baldachin, angebracht sein, welches den feuergefährlichen Funkenflug in den Dachraum verhindern sollte. Dieses mit einer festen Bohlendecke versehene Feuerrähm wurde meist von zwei starken Balken getragen, die an der Vorderseite besonders verziert sein konnten, etwa als Sterne oder Pferdeköpfe. Hoch über dem Feuer aber hingen die Würste, Schinken und Speckseiten, die vom Rauch konserviert wurden, der sogenannte „westfälische Himmel". Schornsteinlose Herdfeuer ohne Rauchabzug waren beim mittelalterlichen Bauernhaus allgemein verbreitet. In den Häusern der großen Schulzen- und Meierhöfe wurden aber schon seit dem 16. Jahrhundert Rauchfänge mit Schornstein eingebaut. Die unteren Sozialschichten folgten schrittweise diesem Vorbild und in der Zeit um 1900 gab es Rauchhäuser nur noch im altwestfälischen Nordland, im östlichen Westfalen, sowie in einigen abgelegenen Gebieten im Süderbergland.

Der „westfälische Himmel" im Rauchfang eines großen Hauses im 17. Jahrhunderts hinterließ auch einen bleibenden Eindruck beim Romanhelden „Simplicissimus" des H. J. Christoph von Grimmelshausen, der im 30jährigen Krieg als „Jäger von Soest" in Westfalen sein Unwesen trieb. Als er sich seinerzeit mit seiner Truppe im Vest Recklinghausen aufhielt und vergeblich auf seine Proviantwagen wartete, beschloß er, sich mit einer List auf einem Pfarrhof einzuschleichen, um dort Lebensmittel zu organisieren:

Abb. 19) Feuer-„Rähmen" zum Auffangen fliegender Funken über dem Herdfeuer des Bauernhauses Kreienhagen in Kalkriete, Kr. Bersenbrück. (Um 1960)

„Der Pfarrer führete uns durch die Küchen, und als er das Nachtschloß an der starcken eichenen Thür auffmachte, die auff den Kirchhof ging, o mirum! da sahe ich, daß der schwartze Himmel auch schwartz voller Lauten, Flöten und Geigen hing, ich vermeyne aber die Schinken, Knackwürste und Speckseiten, die sich im Kamin befanden; diese blickte ich trostmütig an, weil mich bedünckte, als ob sie mit mir lachten, und wünschte sie, aber vergeblich, meinen Cameraden im Wald, dan sie waren so hartnäckig, daß sie mir zu Trotz hangen blieben. Da gedachte ich auff ein Mittel, konnte aber so leicht keines ersinnen, weil der Pfarrhof ummauret, und alle Fenster mit eisernen Gittern genugsam verwahret waren, so lagen auch zween ungeheure grosse Hunde im Hof, welche, wie ich sorgte, bey Nacht gewißlich nicht schlafen würden, wan man dasjenige hätte stehlen wollen... Wir kamen noch vor Nacht zu unseren Gesellen, da ich meine Kleider und Gewehr wieder nahm. Wir kamen um Mitternacht ins Dorff, und da wir bey dem Pfarrhof vorüber wolten, konte ichs nicht übers Hertz bringen, ohn Speck weiters zu passirn; Ich stund einsmals stille, und betrachtete mit Fleiß, ob nicht in des Pfaffen Küchen zukommen seyen mögte? sahe aber keinen anderen Eingang als das Kamin, welches vor dißmal meine Thür seyn muste; Wir trugen Brot und Gewehr auff den Kirchhof ins Beinhauß, und brachten ein Laiter und Sail auß einer Scheur zuwege, und weil ich so gut als ein Schornsteinfeger in den Kamin auff- und absteigen konte, stieg ich selb ander auffs Dach, welches von holen Ziegeln doppelt belegt, und zu meinem Vorhaben sehr bequem gebauet war: Ich ließ mich mit einem End des Sail hinunter zu meinem geliebten Speck, und band einen Schinken nach dem anderen, und eine Speckseite nach der anderen an das Sail, welches der auff dem Dach fein ordentlich zum Dach hinauß fischete, und den andern in das Beinhäußlein zutragen gab..."[14)]

Abb. 20) Feuer-„Rähmen" von 1676 aus einem Heuerhause in Talge. Jetzt im Kreismuseum Bersenbrück. Die vorstehenden Tragebalken sind als stilisierte Pferdeköpfe gestaltet. (1954)

Abb. 21) Herdfeuer mit manganfarbenen Ornamentfliesen in der Küche des Schulzenhofes Eggerode in Eggerode bei Schöppingen. Die Verkleidung der Herdwand mit niederländischen Wandfliesen war im nordwestlichen Westfalen sehr beliebt. (1976)

In den meisten Hauslandschaften Westfalens wurde die Masse der Bauernhäuser seit dem 18. Jahrhundert mit einem Rauchabzug in Form eines Schornsteins oder zumindest einer Rauchbühne ausgestattet, bei Köttern und Heuerlingen geschah dies oft erst im 19. Jahrhundert. Neben dem Wunsch der Bauern nach rauchfreiem Wohnen und dem damit verbundenen größeren Komfort spielten dabei auch obrigkeitliche Verordnungen eine wichtige Rolle, denn die Rauchhäuser galten, zumal wenn sie mit Stroh gedeckt waren, als besonders feuergefährlich. So gab die münsterische Regierung unter Fürstbischof Christoph Bernhard von Galen schon 1662 bekannt, „daß die Bearbeitung des Flachses bei Licht, und dessen Lagerung in den Wohnungen, in der Nähe der Feuerstätten, desgleichen auch dessen Trocknung in geheizten Darren und Stuben, bei Confiskationsstrafe, sodann auch der Gebrauch offnen Lichtes beim Fruchtdreschen, in Stallungen und auf Stroh- oder Holzböden, sowie das Tabakrauchen daselbst und in Werkstätten bei willkührlicher Strafe verboten sein soll.“[15] In den münsterländischen Städten war der Einbau von Kaminen im 18. Jahrhundert schon allgemein üblich, auf dem Lande waren sie damals noch weit seltener. Weit verbreitet waren hier statt der aus Stein gemauerten Kaminzüge aus Holz und Lehm konstruierte Schornsteine, die sogenannten „Lücken“. Wegen ihres feuergefährlichen Materials wurden diese 1756 streng verboten.[16] Eine weitere Verschärfung erfuhren diese Vorschriften 1768 bei der Einführung der ersten Feuerversicherung. Hatte ein Hausbesitzer nicht alle nötigen Vorkehrungen zum Feuerschutz unternommen, bekam er im Schadensfall nur die Hälfte der Versicherungssumme ausbezahlt. Die Feuerstätten wurden nun auch auf dem Lande regelmäßig überwacht: „Desgleichen hat jedes Orts Obrigkeit mit Zuziehung der Vögten auf die Brand-Gereitschaften sowohl, als auch durch von Zeit zu Zeit besonders aber im Winter vorzunehmende Visitationes darauf fleißig Acht zu haben, daß keine gefährlich angelegte Schornsteine, Öfen, und besonders Back-Ofen, Schmidten, Fusel-Kessel, auch sogenannte Doren geduldet...“[17]
Eine noch strengere Verordnung

„Der Schornstein soll alle Morgen vor Anlegung des Feuers mit einem Besen abgekehrt werden . . .“

wurde 16 Jahre später für das benachbarte kurkölnische Vest Recklinghausen am westlichen Hellweg erlassen. Dort heißt es in der Vestischen Feuer- und Löschordnung vom 8. Juni 1784: „Kein Haus soll so wenig auf dem platten Lande, als in den Städten und Dörfern, ohne Kamin neu erbauet werden. Geschieht dies dennoch, so soll des Orts Obrigkeit das Haus verschließen, und dessen Bewohnung vor Errichtung des Kamins nicht gestatten... Die Schornsteine sollen in neu zu erbauenden Häusern achtzehn Rheinländische Zoll in der Weite haben, damit der Kaminfeger sie besteigen und reinigen könne... Die Seiten der Schornsteine sollen inwendig ganz flach, ohne Bucht, oder Ausbau seyn, indem hinter diese sich der Rust setzt, und solches oft Anlaß zur Feuersbrunst gegeben hat... Der Schornstein soll alle Morgen vor Anlegung des Feuers mit einem Besen, so weit dieser reicht, abgekehrt, die Asche vom Heerde aber an einem Feuer sicheren Orte in einem ausgemauerten Aschenloche, oder einem eisernen, oder steineren Topfe mit einem eisernen Deckel aufbewahrt werden... Dreymal im Jahre, nämlich einmal im Sommer, und zweymal im Winter soll die Reinigung aller Schornsteine, sowohl auf dem platten Lande, als in Städten, Freiheiten, und Dörfern, nach einer bestimmten Ordnung vom Landschornsteinfeger vorgenommen werden...“[18]

Der Einbau von Rauchfängen oder Rauchabzügen bedeutete aber keineswegs das Ende des offenen Herdfeuers. Dieses war so wichtig und wohl auch so beliebt, daß man es den veränderten technischen und rechtlichen Bedingungen anpaßte.

In den westlichen Regionen Westfalens wurde die gänzlich offene Herdstelle vom offenen Wandkamin mit Schornstein abgelöst. Die Vorbilder für solche Heizanlagen kamen aus den westlich benachbarten Niederlanden und wurden durch die Bauten des einheimischen Adels und des gehobenen städtischenBürgertums vermittelt. Das Feuer brannte hier an der Vorderseite eines mächtigen, steinernen Kaminblocks, der nach oben hin in einen großen, besteigbaren Schornstein mündete. Oberhalb des Feuers war ein zumeist aus Holz und Lehm gefertigter Rauchfang, der sogenannte „Bosen“ (=Busen, =Wölbung) angebracht, der den Rauch sammelte und in den Schornstein weiterleitete. Speck und Schinken wurden bei einer solchen Feuerstelle im Rauchfang aufgehängt. Die Herdwand war besonders aufwendig gestaltet und bildete den Blickfang der Diele bzw. der Küche. Hinter dem Feuer war zumeist eine gußeiserne Herdplatte angebracht, die das Mauerwerk der Herdwand schützte und gleichzeitig für eine Speicherung und gleichmäßige Abstrahlung der Wärme sorgte. Seitlich der Herdplatte standen meist mit Mustern und Inschriften dekorierte Sandsteintafeln und Seitenstücke, die den Rauchfang stützten. Der obere Teil der Herdwand war häufig mit niederländischen Wandfliesen in unterschiedlichsten Dekors verkleidet. Die Vorderseite des Rauchfangs schmückte man im unteren Bereich mit großen Zinn- und Porzellantellern, darüber hingen Kreuze und Bilder. Das Aufkommen der geschlossenen Herde und der Kochmaschinen im 19. Jahrhundert bildete für den offenen Wandkamin kein Problem. Die Herde wurden einfach mit einem kurzem Ofenrohr versehen und seitlich der Feuerstelle unter den Rauchfang gestellt. Die großen Wandkamine mit ihrem mächtigen Rauchfang erfreuen sich besonders im Münsterland wegen ihrer gemütlichen Atmosphäre noch heute großer Beliebtheit, wärend die offene Herdstelle in allen anderen Teilen Westfalens inzwischen so gut wie verschwunden ist.[19]

Viel länger als in den westlichen Regionen Westfalens konnte sich das offene Herdfeuer ohne Rauchabzug in den Bauernhäusern im nördlichen und nordöstlichen Westfalen halten. Das Feuer brannte hier nicht vor einer Kaminwand, sondern auf einem gemauerten Sockel. Über der Herdstelle waren ein Feuerrähm oder eine

Abb. 22) Herdfeuer, „Stapel", des alten Hauses Terbrack-Venvertloh in Großemast bei Vreden, Kr. Ahaus. Wasserkessel an verlängertem Sägehahl. Neben dem Feuer Rahmtopf. Fußboden „esterner Floor", aus „Esterkes". (um 1915)

Rauchbühne angebracht, doch fehlte hier zumeist der zugehörige Schornstein, so daß der Rauch weiterhin frei über die Diele durch Fenster und Türen oder über den Dachboden abziehen konnte. Den rauchfreien neuzeitlichen Wohnraum bildete hier also nicht, wie im westlichen Westfalen, eine kaminbeheizte, früh von der Diele abgetrennte Küche, sondern eine ofenbeheizte Stube im Kammerfach, die im Westen dagegen häufig fehlte. So bildete im nördlichen und östlichen Westfalen die offene Herdstelle, häufig noch ohne Rauchabzug, bis ins späte 19. Jahrhundert den Mittelpunkt des großen, ungeteilten Dielenhauses.

Der preußischen Baupolizei waren solche angeblich besonders brandgefährlichen Feuerungsanlagen schon im 18. Jahrhundert ein Dorn im Auge. So forderte König Friedrich der Große 1748 von den Bauern in seinen westfälischen Landesteilen, zu denen etwa der Raum Minden-Ravensberg gehörte, die Beseitigung der Feuerstellen von den Dreschdielen. Zwischen Diele und Herdraum sollten feuerfeste Schranken eingebaut werden.[20] Im ostwestfälischen Fürstentum Lippe erging 1779 eine „Verordnung wegen der Rauchbühne oder Feuerohsen", die für Neubauten bestimme, „daß a) die Küche durch eine Scheidewand von der Deel abgesondert, b) die Rauchbühne oder Feuerohse wenigstens 16 Fuß hoch über dem Feuerheerd angelegt, c) solche nicht nur gehörig beschossen [= verbrettert] und der Beschus gefedert, sondern auch dieser unterwärts mit sogenannten Spielen, die mit Heu bewikkelt, mit Lehm überzogen und mit Kalk beworfen sind, gewällert, und d) die Ständer und Riegel am Feuerherd durch eine Brandmauer bedekket werden." 1782 heißt es dann in einer „Verordnung wegen Einrichtung der Bauernhäuser zu Abwendung der Feuersgefahr": „In denen Häusern, worin noch keine abgesonderte Küchen, auch noch keine Feuerohsen sind, sollen wann sie, die Häuser, eine Bodenhöhe von 12 Fuß haben, die Feuerohsen, die dann doch immer die Feuergefahrt mehr abwenden, als wann der Feuerheerd grade unterm Boden ist, noch angeleget und zwar so angeleget werden, daß die niedrigsten eine Höhe von 7 bis 8 Fuß vom Feuerheerd erhalten, und dann dazu vorzüglich trockene Büchen-Dielen, weil diese vom Rauch und Schwaden so glatt und glänzend werden, daß nicht leicht Feuerfunken sich daran setzen, dazu gebrauchet und solche immer gefedert werden. . ."[21]

„Ursprünglich zog der Rauch unter dem „Balken" der Diele entlang, um aus dem Giebel hoch oben über der ›Nuindiur‹ (dem Einfahrtstor) ins Freie zu gelangen . . ."

Die volkskundlichen Berichte zur Entwicklung der Feuerstellen im westfälischen Bauernhaus stammen zwar allesamt erst aus den 50er Jahren dieses Jahrhunderts, geben aber teilweise noch sehr viel ältere Zustände wieder. So heißt es in einem Bericht über den Raum Halle am Teutoburger Wald:
„Die ursprüngliche Feuerstelle in jedem Bauernhaus war der Herd. Die sogenannte „Herdstuie" [= Herdstelle] befand sich am oberen Ende der Deel in der Mitte und angebaut an die Wand, die das dahinterliegende „Aechterkiermsel" [= „Hinterkamin, = Kammerfach] von der Deele bzw. dem sogenannten „Fleet" (hierorts „Uennerschlag" geheißen) trennte. Sie ist alten Leuten noch gut bekannt. Ursprünglich zog der Rauch unter dem „Balken" der Diele entlang, um aus dem Giebel hochoben über der „Nuinduir" [dem Einfahrtstor] ins Freie zu gelangen. Wer die Akten der Mindener Kriegs- und Domänenkammer durchblättert, wird immer wieder auf die Verordnungen der Regierung in der Zeit Friedrichs d. Gr. stoßen, durch die die Hausbesitzer angehalten wurden, Kamine zu bauen. Um 1800 ist man dann den Verordnungen soweit nachgekommen, daß über der Herdstelle sich ein meist recht geräumiger Schornstein erhob, der nun auch zum Trocknen und Räuchern von Fleischwaren diente. Oft befand sich innerhalb der Herdstelle unmittelbar neben der eigentlichen Feuerstelle an beiden Seiten noch eine Steinbank, die vier Personen Platz bieten konnte. Hier saßen an kalten Wintertagen wohl die Hausbewohner, flochten Körbe oder handwerkerten sonstwie.

Mit der Zeit wurde hernach dem Bedürfnis abgeholfen, auch die Stube im „Aechterkiermsel" zu heizen. Der erste Schritt geschah durch würfelförmige eiserne Öfen, die auf einem gemauerten Sockel innerhalb der Stube standen. Sie wurden an die Mitte der Wand gestellt, die Fleet und Aechterkiermsel trennte, und wurden vom Fleet aus geheizt. Die Außenwände des Würfels wurden durch quadratische gußeiserne Platten gebildet, die mit Ornamenten verziert waren. . . Auf der oberen Platte wurde damals ohne Verwendung eines Backbleches unser bekannter „Pickert" gebacken, meist in der Form des hefelosen „Liarn Hinnerk". Gelegentlich sah man auch Herde, die in der Stubenseite ein Türchen hatten, durch das man Speisen zum Warmhalten in einen Teil des Ofens schieben konnte. Geheizt wurde der Ofen wie gesagt vom „Fleet" aus mit dicken Buchenscheiten. Die Ofenplatten wurden in hiesiger Gegend meist aus der Holter Hütte bezogen. Vor Feiertagen wurden die Platten mit „Schwärze" blank geputzt. Neben diesem Ofen stand meist der große „Liarn Stoohl" mit seiner Rückenlehne und den Ohrenbacken, in der alte Leute gern ihre Mußestunden verbrachten. Solche sind auch heute noch hier und da anzutreffen.

Als diese Sorte Öfen etwa nach 1870 als veraltert angesehen wurden, ging man über zu Kochöfen. Sie wurden fertig aus der Fabrik bezogen. Während jene Form von Stubenöfen meist keinen besonderen Schornstein verlangten, da der Rauch mittels eines Tonrohres in den alten, über der Herdstelle befindlichen geleitet wurde, mußten jetzt neue Schornsteine angelegt werden. Solche zweiten Schornsteine sind hierorts bereits um 1850 bekannt. Die Form dieser Kochöfen war hier so, daß in der zylinderförmigen unteren Hälfte die Feuerung vor sich ging. Darüber erhob sich in zwei Etagen der unten für Kochen, oben für das Warmhalten bestimmte, breit sich erweiternde Teil. Auch hier zeigten die Ofentüren Bilder, etwa des Kaiserpaares oder Motive religiöser Art.

Abb. 23) Herdstelle auf dem Hof Niemann in Birgte bei Riesenbeck, Kr. Tecklenburg. (um 1900)

Um 1900 kamen alsdann andere Formen auf: Kastenöfen, Kachelöfen, Kanonenöfen usw. Das Kochen geschah fortan nicht mehr auf der alten Herdstelle und auch nicht in der Stube, sondern jetzt legte man dafür besondere Küchen, sogenannte „Kourkstuorben" an, in die ein „Kourkmaschuine" gestellt wurde. Sie diente oft auch der Familie an Werktagen zum Aufenthalt."[22]

Über die offene Herdstelle im Raum Minden-Lübecke wird berichtet:

„Die Zeiten, da sich die Hausbewohner bei des Lichts geselliger Flamme um das offene Herdfeuer zu gemeinsamen Arbeiten an Feldfrüchten aller Art sammelten, ist aus den meisten Bauernhäusern fast gänzlich verschwunden. Immerhin findet man auf einigen Höfen, wo die Bauernhäuser noch keinen Schornstein haben, ab und an noch diesen Brauch. Der beißende Torfrauch zwingt oft zur Unterbrechung der Arbeiten um das offene Herdfeuer. Der sich bildende Dampf wandert langsam über die lange Diele zur Niiendöör, um hier ins Freie zu gelangen. Über dem offenen Herd befindet sich im Hauptständerbalken noch an manchen Stellen das Salzfaß, in dem das Salz, unbeeinflußt durch das Wetter, immer trocken war. Über dem offenen Feuer hängt in jenen Häusern, die sehr selten geworden sind, noch der alte, tiefgezahnte „Kätelhaak'n" [= Kesselhaken] mit der Vorrichtung, den Kessel über der Flamme zu halten.

An die Stelle ist auf den meisten unserer Höfe seit etwa 50 bis 60 Jahren der sogenannte Sparherd getreten. In ihm ist der Feuerungsverbrauch bedeutend herabgemindert. In mächtigen Töpfen wird das Essen bzw. auch das Futter für allerlei Jungvieh bereitet. Dieser Sparherd ist in den älteren Häusern noch vielfach in Gebrauch.

Im Flett, das ist die Querverbindung zwischen den beiden Seitentüren, spielt sich hier zu allen Zeiten noch allerlei Betrieb ab. Hier sorgt die Mutter für das Mahl, hier hat sie ihre Kinder unter Aufsicht. Hier sitzen an langen Tischen, hinter dem meist eine lange eichene Bank steht und mehrere schilfgeflochtene Stühle Platz haben, die Schüler der Familie und machen ihre Schularbeiten. In der heißen Sommerzeit wird dieser Teil des Hauses am meisten benutzt. Die Stuben und Kammern sollen möglichst sauber bleiben, damit bei etwaig unerwartetem Besuch (Herr Pastor oder sonst eine höhergestellte Persönlichkeit des Dorfes) alles in Ordnung, „inner Riige äs". . ."[23]

Abb. 24) Herdstelle in der Flettküche des Bauernhauses Dummelkamp in Nordwalde, Zustand um 1950. Auf diesem Bild sind vier verschiedene Arten von Kochmöglichkeiten dargestellt: Das offene Herdfeuer in der Mitte wurde damals schon längst nicht mehr zum kochen benutzt, auch der kleine Windofen aus der Zeit um 1800 rechts im Bild hatte bereits ausgedient. In der Mitte sieht man die „Kochmaschine" mit Ofenrohr in den Rauchfang und links schon einen modernen Elektroherd mit einstellbarer Kochtemperatur. So wurde die Arbeit der Hausfrau beim kochen im Laufe der Jahrhunderte immer mehr erleichtert.

Abb. 25) Stubenofen von einem Hof in Rhede, Kr. Borken. Hinter der kunstvollen Verkleidung verbirgt sich ein einfacher Säulenofen. (1957)

Abb. 26) Dieser Ofen stammt vom Hof „Der Brauck" bei Lenningsen, Kr. Unna, und wurde dort 1900 durch einen Dauerbrenner ersetzt. Er befindet sich jetzt auf dem Hof Schoppe in Langschede. (1959)

Abb. 27) Der „Westfälische Himmel" mit Speck, Wurst und Schinken über der offenen Feuerstelle in der Flettküche eines Ammerländer Bauernhauses. Gestellte Aufnahme im Bauernhausmuseum Bad Zwischenahn. (Um 1930)

Die Herdstellen in den Bauernhäusern des Oldenburger Münsterlandes, die zwar noch eine offene Herdstelle, aber zumeist auch schon einen Rauchabzug hatten, werden folgendermaßen dargestellt:
„In der Tat war das offene Herdfeuer die wichtigste Wärmequelle im alten Bauernhause. Jedoch nicht allein dort, sondern auch in den Kirchdörfern und Kleinstädten bis zu der Zeit, da die Kochmaschienen aufkamen. Dagegen spielten die Öfen fast immer nur eine Nebenrolle. Für alte Leute, für Kranke und für Besuch wurde fast überall nur geheizt und das auch nur mit dem etwas widerständlichen Ausspruch: „Dann möt wi ja woll in'n Stawen inböten." Es war viel praktischer, ums Herdfeuer herum zu sitzen. Man hatte die ganze Familie unter den Augen mitsamt dem Vieh auf der Diele und sogar alle, die auf den Hof ankamen oder in einiger Entfernung vorbeifuhren oder gingen. Denn es führte von der großen Einfahrtstür meistens ein ge-

Abb. 28) Offene Feuerstelle mit Feuer-„Rähmen" im Heidemuseum in Wilsede, Kr. Soltau. (Um 1930)

rader Weg über den Hofraum auf die große Hake zu auf den Dorfweg. Nein, in der Stube mochten die Bauern garnicht sitzen. Sie fühlten sich förmlich abseits und fremd dort. Zu allererst schloß die Herdwand das alte Bauernhaus ab, und es hätte also gar kein Ofen aufgestellt werden können. Man kann sich's heute kaum noch vorstellen: Das Herdfeuer die einzige Wärmequelle außer „Stowken" und „Bettpfannen". „Schlafbutzen" (Durke) und die allgemein zu benutzende Waschkammer, dazu der Unterschlag zum Essen an den beiden Seiten in der Nähe des Herdfeuers, nach der Einfahrtstür zu das Vieh (Pferde und Kühe), das war eine enge Lebensgemeinschaft. Was sich unter diesen Strohdächern alles abspielte – nun, ich soll ja über Öfen etc. berichten.

Seit meinen Erdentagen waren große und kleine Bauernhäuser mit einem Wohnfach hinter der Herdwand erweitert worden und in den Stuben standen Öfen. An jeder Seite des Herdfeuers ging eine Tür in diese Räume, in den „ollen Stawen" und in den „besten Stawen". Zwischen den beiden Stuben waren zwei Kammern; die eine mit einem Fenster nach draußen, die andere hinterm Herde war „de düstern Kamer". Diese vier Räume wurden von zwei Öfen durchwärmt, wenn kalte Wintertage waren. . .

Unser einheimisches Heizmaterial war Holz und Torf. Wer ein Moorpfand zum Torfgewinnen besaß, der stach jedes Jahr im Frühling, sobald das Moor gangbar war, seinen Torf, dazu schälte er von der heidebewachsenen Oberfläche ein Fuder „Schullen" ab. Diese großen heidedurchwirkten Moorsoden brauchte man für das Umsetzten des Herdfeuers. Sie hielten stundenlang, ja durch die ganze Nacht die Glut und man konnte am Morgen, wenn von neuem geheizt („anbött") werden sollte, das Feuer schnell in Gang bringen. Aus dem Grunde setzte man auch oft einige „Schullen" an die Ofenseiten. Dazwischen legte man die Holz- oder Torfkohlen, die man mit einem Griff der Zange vom Herdfeuer holte. Auf die Kohlen kamen zum schnellen Feuerfangen Torfstückchen („Torfmull") oder Holzreiser („Spricker"), und wenn die Flamme stieg, packte man den Ofen mit Holzscheiten („mit klövet Holt") oder Torf voll und schloß die Tür. Diese Packung hielt eine Weile vor. Allerdings hielt Torf länger als Holz.

Der Wohnteil der niedersächsischen Bauernhäuser hatte nur den einen großen Schornstein über dem Herdfeuer. . . In alten Zeiten, als es noch die armseligen „Tranfeüsel", und das war fast bis 1900, gab, da mußten die Leute nicht allein Wärme und Familiarität sich ums Herdfeuer scharen, sie konnten ja nirgends genügend sehen. Es gab für Kerzen hübsche Messingleuchten, aber Kerzen, die kosteten viel Geld. Also hockte alles beim Feuer. Die Schulkinder ließen sich so nahe daran nieder, daß sie bei der Herdflamme ihr Lernen machen konnten. Dann kamen die Petroleumlampen auf („Solor Steenölge" sagten die Leute), und dann kamen die Öfen zum Wärmen und die Lampen zum Sehen in die Stuben".[24)]
Am frühesten verschwand die offene Feuerstelle im Raum südlich der Lippe, insbesondere im Süderbergland. Ursprünglich war auch hier die offene Herdstelle mit einem darüber befindlichen Feuerrähm verbreitet. An seine Stelle trat seit dem 17. Jahrhundert meistens eine schornsteinlose Rauchbühne, im Westen, im Märkischen Sauerland, auch wohl der offene Wandkamin. Schon vor 1870 war man in den Bauernhäusern des südlichen Westfalens fast ausnahmslos zu geschlossenen Kochherden übergegangen. Dies lag nahe, denn im Südwesten lagen die Zentren der frühen Eisenindustrie, wo seit dem 16. Jahrhundert unter anderem auch eiserne Stubenöfen, Herdplatten und später auch Kochherde produziert wurden. Außerdem ließen die strengeren Winter in den Bergdörfern des Sauer- und Siegerlandes wohl früher den Wunsch nach einer ofenbeheizten Stube aufkommen als in den klimatisch gemäßigteren Zonen im nordwestlichen Tiefland. Anstelle eines Stubenofens kannte man im Sauerland bis ins 17. Jahrhundert auch die sogenannte „Tackenplatte". Diese gußeiserne Platte war in die Herdwand eingelassen und strahlte die Hitze des Herdfeuers nach hinten in die Stube ab, eine einfache, aber auch nur wenig wirkungsvolle Heizanlage. Sie wurde später durch den Hinterladerofen weitgehend verdrängt. Sicherlich haben das frühe Aufkommen und die weite Verbreitung des Stubenofens und des Stubenwohnens im Süderbergland maßgeblich dazu beitragen, daß die offene Herdstelle auf der Diele rasch an Bedeutung verlor und im 19. Jahrhundert weitgehend aufgegeben wurde.

Die Stube im Bauernhaus

Im vorangegangenen Kapitel wurde bereits darauf hingewiesen, daß die Stube – ein kleiner, ofenbeheizter, rauchfreier Wohnraum – in den verschiedenen Regionen Westfalens zu einem sehr unterschiedlichen Zeitpunkt eingeführt wurde. So gehörte sie als ganzjährig genutzte Wohnstube im 17. und 18. Jahrhundert im Südosten schon zum allgemeinen Standart bei sämtlichen Sozialschichten, während sie im Nordwesten im 19. Jahrhundert noch gänzlich fehlen konnte oder als sogenannte „Winterstube" nur während der kältesten Jahreszeit genutzt wurde.[25)] Hinzu kommen noch starke Unterschiede zwischen Stadt und Land sowie zwischen den einzelnen Sozialgruppen. Insgesamt ist die Ausbreitung der Stube in Westfalen ein zu vielschichtiges Thema, um hier ausreichend behandelt zu werden.[26)] In der Zeit um 1900 war sie jedenfalls in allen westfälischen Hauslandschaften allgemein bekannt.

Die Nutzung der Wohnstube war überaus vielfältig. Sie diente im 19. Jahrhundert als gewöhnlicher Aufenthaltsraum sämtlicher Familienmitglieder in den Ruhepausen und in den Abendstunden. Die Kinder

Abb. 29) Wohnstube (gestellte Aufnahme?) in einem Bauernhaus im Loburger Schloßpark bei Ostbevern. (Um 1930)

machten hier ihre Schulaufgaben, die Mutter ihre Handarbeiten, der Vater las oder regelte den Schriftverkehr. Meistens wurde nun in der Stube und nicht mehr auf dem Flett gegessen, häufig bereitete man auf dem Stubenofen sogar die Mahlzeiten zu. Daneben diente die Stube aber immer auch als Werkstatt für handwerkliche Arbeiten aus dem Bereich der Hauswirtschaft oder der gewerblichen Produktion, letzteres war besonders bei den Kleinbauern und Landarbeitern der Fall, die von der Landwirtschaft allein nicht leben konnten. So bildete die neuzeitliche Wohnstube einen ähnlich „multifunktionalen" Raum, wie es die Wohndiele im 16. und 17. Jahrhundert gewesen war. Allerdings konnte die Stube mit ihrer überschaubaren Größe und ihrer bequemen, rauchfreien und energiesparenden Heizung den Ansprüchen neuzeitlichen Kleinraumwohnens viel eher genügen als ein Großraum wie die Diele. Neben der gewöhnlichen Wohnstube kam etwa seit der Jahrhundertwende die „beste Stube" auf, die aber nicht als Wohnraum, sondern als Prunkzimmer mit fast ausschließlich repräsentativer Funktion diente.

Im Folgenden werden volkskundliche Berichte zur Stube im Bauernhaus aus verschieden Hauslandschaften gegenübergestellt.[27] Sie zeigen, daß bei der Nutzungsweise dieses Raumes auch in der Zeit zwischen etwa 1890 und 1950 noch starke regionale Unterschiede bestanden.

Die beiden ersten Berichte stammen aus dem nordwestlichen Westfalen, wo die Stube, besonders bei den unteren ländlichen Sozialschichten, erst im 19. Jahrhundert zögernd eingeführt wurde. Der Gewährsmann Heinz Bügener schreibt dazu über einen kleinen Bauernhof in der Nähe von Gronau:

„Zu meiner Kinderzeit in den 90er Jahren in Epe wohnten wir nur in der Küche, ob Sommer, ob Winter, das war einerlei. Am offenen Herdfeuer spielte sich das ganze häusliche Leben ab. Ich war schon ziemlich herangewachsen, als eine „Winterkamer" eingerichtet wurde. Was den Anlaß dazu gab, ist mir nicht zu Bewußtsein gekommen. Die Bezeichnung „Kamer" dürfte aus dem Holländischen herrühren. Sie war allgemein. Nur wenn die gute Stube gemeint war, sprachen wir von „Stuowen".

Die „Winterkamer" – der Name sagt es schon – wurde nur im Winter benutzt. Sie lag an der Längswand des Bauernhauses, hatte Rechteckform und nur ein Fenster, das auf die Ostseite hinausging. Weil sie klein war, wurde sie nicht von allen Hausangehörigen benutzt. Während der Rauch von dem eisernen Kochherde in den großen Kamin geleitet werden konnte, mußte für den Abzug des Wasserdampfes ein winziger Bosen hergestellt werden, der auf den „Büen" (Dachboden) mündete.

Nur im Hinblick von der guten Stube wurde von dem „Stuowen" gesprochen. Er lag an der Ecke des Hauses. Der „Stuowen" war im großen und ganzen eine tote Angelegenheit. Ich entsinne mich nicht, daß er einmal von der Familie als solche benutzt wurde, um sich zu unterhalten oder Mahlzeiten darin einzunehmen. Nur wintertags, wenn Vaters Bruder Johann nebst seiner Familie zur Visite kam, traten die beiden Männer auf Stunden in den „Stuowen", um die Bücher zu vergleichen.

Wie die Stube eingerichtet war? Der Fußboden bestand, wie bei der „Winterkamer", aus Kiefernbrettern. Binsenstühle umgaben den Tisch. Sie wurden später abgelöst durch Fabrikware, die der Vater für billiges Geld in der Stadt erstand. Daher kam auch der ovale Tisch mit dem dunkelbraunen Anstrich. Mutters Kleiderschrank genoß einen Ehrenplatz. Er war hellbraun gestrichen. Rechts hingen Mutters Sonntagskleider und links ruhten einige Ballen selbstgewebtes Leinen, die Mutter mit in die Aussteuer gebracht hatte. Während oben eine Hutbank angebracht war, nahm eine Lade tief unten Wäschstücke auf. Gemeinsam mit dem Tisch kaufte Vater einen Sekretär gelegentlich einer Auktion. Der Sekretär wies eine Klappe auf, die, wenn man sie herunterließ, einen Schreibtisch hergab. Der „Stuowen" enthielt auch einen Ofen, der in seiner Höhe den späteren Säulenöfen gleichkam. Wie ich mich entsinne, wurde er kaum einmal angezündet. Die gute Stube war eben ein toter Raum."[28)]

„. . . die beste Stube macht wohl Arbeit, bringt aber nichts ein . . ."

Anders war dies in den Wohnhäusern auf den großen Schulzenhöfen, wo sich die Wohnstube und die Beste Stube bereits im Laufe des 19. Jahrhunderts weitgehend durchgesetzt hatten. Hierzu schrieb ein Gewährsmann vom Schulzenhof Selting in Ramsdorf, Kreis Borken:

„Neben der Küche, die früher der am meisten von der Familie benutzte Wohnraum war, ist jetzt im Bauernhaus die Stube als der am meisten benutzte Wohnraum getreten. Die alten Bauernküchen, wo früher gekocht, gegessen und gewohnt wurde (mit dem Herdfeuer), wird nur selten und kaum mehr im Bauernhaus als Wohnraum benutzt. Sie ist ein Vorraum zum Empfang und zur Abfertigung kurzer Besuche und Geschäfte geworden, während das alte Herdfeuer nur mehr selten benutzt wird. Zur Zeit ist die Stube („Wohnküche") das ganze Jahr hindurch der Hauptwohnraum der Familie. Zwar wird dort nicht gekocht und gewaschen, aber die Stube ist der Arbeitsplatz der Frauen und Mägde und der Aufenthaltsort der Kinder (besonders der kleinen). Von den Männern und großen Kindern wird die Stube zum Essen, Ausruhen, Unterhaltung und als Aufenthaltsraum der ganzen Familie benutzt.

Sie lag direkt an der alten Küche und unweit der kleinen Kochküche. Im Winter wurde sie durch einen passenden Ofen, auf dem man auch mal Wasser zum Kochen bringen konnte, geheizt. Die Stube ist so groß, daß die ganze Familie darin ausreichend Platz hat. Auch ein großer und ein kleiner Tisch, ein normaler Schrank, einige Sessel und Stühle für alle Familienmitglieder müssen darin Platz haben. Einrichtungen und Möbel sind solide für den täglichen Gebrauch entsprechend eingerichtet. Wurde früher in der Stube gesponnen und gewebt. Statt Spinnrad und Webstuhl ist dort heute die Nähmaschine stets ein Teil der Einrichtung und so ist die Stube das „Arbeitsfeld der Frauenwelt".

Die Stube liegt immer zu ebener Erde wie die Küche, hat aber öfters eine niedrigere Decke als diese. Die Decke besteht aus eschenen Balken mit dichtem Bretterbelag in Ölanstrich. Die Wände waren manchmal tapeziert, manchmal haben sie Anstrich, der aber an den Kleidern nicht abfärbt. Die nicht allzu großen Fenster haben Gardinen, auch abends dunkle Vorhänge und dichte Fensterläden, um fremde Augen und Diebe abzuhalten. Der Fußboden, ganz früher mit Lehm, dann Backsteinpflaster, ist heute nur mehr aus Holzbrettern oder Dielen, die imprägniert sind und einen geeigneten Fußbodenanstrich haben. Auch hat man in der Wohnstube schon öfters grobe Juteteppiche. Zum Reinhalten wurden früher Besen und Schrubber gebraucht, doch gebraucht man heute auch schon den Staubsauger und den Wischer. An Stelle der alten Öl- und Petroleumlampe ist jetzt nach 40 Jahren modernes elektrisches Licht getreten. Auch das Radio und die Wanduhr haben in der Wohnstube ihren Platz. Auch die Wohnstube hat Wandbilder, aller Orts ein Kruzifix und Blumen auf der Fensterbank. Vom Aufstehen bis zum Schlafengehen ist in der Wohnstube Leben und Treiben der Familie. Auch die Nachbarn und Verwandten lieben das traute Zusammensein und das ungezwungene Leben in der Wohnstube.
Die Kriegszeit mit der Wohnungsnot hat die „Beste Stube" in den Bauernhäusern stark in den Hintergrund treten lassen: „den besten Stowwen macht wull Arbeit, bräch aber nix in" (die beste Stube macht wohl Arbeit, bringt aber nichts ein), das ist ein alter Bauernspruch. Doch wenn von Behörden und der öffentlichen Hand pompöse Räume mit wertvollen Möbeln und Bildern geschaffen werden, glaubt heute mancher Bauer, auch eine nach seiner Ansicht schöne „beste Stube" haben zu dürfen, besonders auch dann, wenn die Ausstattung von der jungen Frau mitge-

479/89007

Damals bei uns in Westfalen

Vom alten Brauch in Stadt und Land

Dietmar Sauermann

Ländliches Brauchtum im Jahreslauf in Bildern und Berichten aus dem Archiv für westfälische Volkskunde

Damals bei uns in Westfalen

Bäuerliche Lebenswelt in Bildern, Berichten und Dokumenten aus volkskundlichen Archiven Westfalens.

D. Sauermann / G. Schmitz
Alltag auf dem Lande
Bilder und Berichte aus dem Archiv
für westfälische Volkskunde
4. Auflage, 174 Seiten mit 256 Fotos
und Zeichnungen, gebunden,
Großformat ISBN 3-922828-43-4 DM **58,–**

Andreas Eiync
Alles unter
Bauen und Wo
Fachwerk auf
2. Auflage, 18
259 Fotos u. Z
Großformat IS

Das Leben auf dem

Ländliches Leben, bäuerliche Alltagswelt im Tageslauf um
aufgezeichnet von Bauern und Knechten, Köttern und Landa
und Händlern, deren Schicksal mit dem Landleben eng verb

ländliches Brauchtum, überlieferte Feste, Feiern und damit v
sie fest in den Rhytmus der Natur, in das bäuerliche Wirtsch
Kirchenkalender eingebunden waren, –

Lebensumstände der vorindustriellen Zeit, gewachsene Ent
überlieferte Fertigkeiten, mit den Rohstoffen der Natur Leb
und Vieh zu schaffen, –

Lebens- und Arbeitsgewohnheiten, Anpassung und Veränd
Wandel in Handwerk und Gewerbe, Bestandsaufnahme un
was in der Zeit von 1880 bis 1930 in ländlich strukturierten
üblich war, –

einzigartige, meist unveröffentlichte Originalfotos aus Privat
volkskundlichen Archiven machen die großformatigen Bildb
vorzüglichen Informationsquelle über das Leben unserer Elt

„Ein überaus unterhaltsamer Bilderspaziergang, der mit viel
vorbereitet worden ist.“

Die Autoren:

Prof. Dr. Dietmar Sauermann ist Geschäftsführer der Volksk
für Westfalen im Landschaftsverband Westfalen-Lippe und H
Wilhelms-Universität Münster. Seine Arbeitsgebiete: Feste
westdeutschland, Veränderung der bäuerlichen Lebenswelt,
als Zeugnisse für Alltagskultur u.a.

Dr. Andreas Eiynck arbeitete bei Prof. Dr. Josef Schepers,
Angestellter am volkskundlichen Seminar der Universität M
Archiv für westfälische Volkskunde und Dozent an der Aka
auf Schloß Raesfeld.

Dr. Fred Kaspar, Mitglied der Volkskundlichen Kommission
an der Geschichte des Bauern- und Bürgerhauses und der E
und ländlichen Wohnens in Nordwestdeutschland. Er ist am
malpflege in Münster tätig.

Ein Vergnügen für jeden plattdeutschen Westfalen.

Alles Gute – alles Schöne!

Ein bunter Strauß meist heiterer Geschichten von Klüngelkamps Vader, Drüke-Möhne und vielen anderen unsterblich gewordenen Gestalten aus den Werken von Augustin Wibbelt.

128 Seiten, Großdruck, gebunden, DM 28,–

Augustin Wibbelt

Gesammelte Werke in 22 Bänden nach den alten Originalausgaben in Zusammenarbeit mit der Augustin Wibbelt-Gesellschaft e.V. Münster, neu bearbeitet von Dr. Hans Taubken.

Bereits lieferbar:
Drüke-Möhne I
Drüke-Möhne II
Schulte Witte
Bd. I – In de Stadt
Bd. II – Trügg up't Land
Windhok
De Pastor von Driebeck

In Vorbereitung:
Mäten-Gaitlink
De lesten Blomen

Jeder Band ca. 280 Seiten, Großdruck, geb., DM 36,–

Bestellkarte

(Bitte im Briefumschlag einsenden)

Ich bestelle zur sofortigen Lieferung durch die Buchhandlung

____

Anz.	Autor	Titel	Preis* DM
		Damals bei uns in Westfalen	je 58,–
___	Sauermann	Alltag auf dem Lande	
___	Eiynck	Alles unter Dach und Fach	
___	Sauermann	Vom alten Brauch in Stadt und Land	
___	Kaspar	Alltagswelt in Kleinstadt und Dorf	
___	Sauermann	Damals bei uns im Sauerland	
___	Kaspar/Arató	Ein gar stattlich Haus	36,–
___	Fasse	Von Flachs u. Leinen in alter Zeit	36,–
___	Richter	Ein Bauernleben	36,–
___	Steinmeier	Schokoladenpapier	26,–
		Augustin Wibbelt, Gesammelte Werke in 22 Bänden	je DM 36,–
___	Wibbelt	Drüke-Möhne I	
___	Wibbelt	Drüke-Möhne II	
___	Wibbelt	Schulte Witte I – In de Stadt	
___	Wibbelt	Schulte Witte II – Trügg up't Land	
___	Wibbelt	Windhok	
___	Wibbelt	De Pastor von Driebeck	
___	Wibbelt	Alles Gute, alles Schöne	DM 28,–

☐ Ich wünsche regelmäßig Informationen über neue Bücher aus Westfalen.

* Termin- und Preisänderungen vorbehalten.

03/90

Marianne Fasse

Von Flachs und Leinen in alter Zeit

Nicht allein die Techniken vergangener Epochen, sondern die Menschen in ihrer Zeit, nicht nur die Darstellung und Beschreibung alter Fertigkeiten, sondern auch Geschichte und Geschichten in Poesie und Prosa, wie sie Atmosphäre und Lebensrhytmus rund um die Spinnstube in Großmutters Zeit liebevoll wiederspiegeln, stehen im Mittelpunkt dieser Sammlung.
Rund 130 Abbildungen, vielfach bislang unveröffentlichte Fotos aus Privatbesitz oder westfälischen Archiven lassen das Buch zu einer volkskundlichen wie kulturgeschichtlich wertvollen Fundgrube werden.

132 Seiten mit ca. 130 Abb., gebunden.
ISBN 3-922828-40-X DM 36,–

Philipp Richter

Ein Bauernleben

Die autobiographischen Aufzeichnungen des Bauern Philipp Richter (1815-1890) stellen ein für Westfalen einzigartiges Lebensbild und damit eine volkskundliche Quelle von großer Seltenheit dar: Ein Bauer hat sich in mehreren Phasen seines Lebens hingesetzt und niedergeschrieben, was ihm seit seiner Kindheit bis ins Alter von 75 Jahren begegnet ist.
Er schildert die ländliche Verhältnisse in Familie und Dorf, Produktion, Handel und Gütererwerb, aber auch viel Zeittypisches, wie Krankheiten und Lebensgefahren, Brauchtum und Arbeitsalltag. Er wird Zeuge einer der letzten öffentlichen Hinrichtungen und enthält sich auch nicht der Kritik an der Kirche.

132 Seiten mit ca. 40 Fotos, gebunden.
ISBN 3-922828-18-3 DM 38,–

Fred Kaspar / Robert Arató

Ein gar stattlich Haus

Leben und Wandel in einem niederdeutschen Bürgerhaus der Weser-Renaissance.

Hintergründe vergangener Wohn-, Lebens- und Wirtschaftsformen der bürgerlichen Kultur Nordwestdeutschlands in der Renaissance und im Zeitraum des dreißigjährigen Krieges werden durch farbige Darstellung und akribische Zeitbilder verdeutlich.
Bewußt gehen Robert Arató und Fred Kaspar von diesem nachvollziehbaren Einzelfall aus, der für die hervorragend gelungene Rekonstruktion internationale Anerkennung gefunden hat und die Denkmalschutzkommission EUROPA NOSTRA zur Auszeichnung mit einem Preis veranlaßte.

96 Seiten mit 55 z.T. farb. Abb., Ppb.
ISBN 3-922828-08-6 DM 36,–

Friedrich Steinmeier

Schokoladenpapier

Von Kohlenklau und Balkenbrand,
kleinen Gaunereien und einer leisen Liebe
in einer lauten Zeit.
Erzählung aus einem Dorf in Westfalen
Es ist die Geschichte eines denkwürdigen Jahres aus der Zeit zwischen den Zeiten, als Altes zerbrach und Neues noch nicht entstehen konnte. Ein Geschehen zwischen Stadt und Land, zwischen Hochdeutsch und Plattdeutsch, zwischen Ems und Weser.
Es ist die Geschichte von Menschen in einer schweren Zeit, aber auch von Käuzen und seltsamen Begebenheiten, von Kohlenklau und Balkenbrand, fremden Soldaten, kleinen und großen Gaunereien. Und es ist die Geschichte einer leisen Liebe in einer allzu lauten Zeit.
Die Geschichte hat sich wahrlich so ereignet.
Denn es war der Sommer 1945 in einem Dorf
in Westfalen . . .

119 Seiten, gebunden
ISBN 3-922828-10-8 DM 26,–

Abb. 30) Die „Gaststube" befand sich in den münsterländischen Wirtshäusern zumeist nicht in der Stube, sondern in der großen Flettküche; so auch im Wirtshaus „Zum weißen Schwan" am Kirchplatz in Darup bei Nottuln. (1940)

bracht wird. Dann enthält sie nur Polsterstühle und Polstersessel, Kautsch, großen Eichen-Ausziehtisch, Servierschrank, großen gefüllten Eßgeschirrschrank, kleinen Bücherschrank, beste Teppiche, Wandbilder und Heizung. Wenn vorhanden steht auch das Klavier in der besten Stube, wo die großen Fenster mit besseren Gardinen und Vorhängen verhangen sind. Alle größeren Familien- und Verwandtschaftsfeiern werden in der besten Stube abgehalten, weil dazu in der Wohnstube auch kaum Platz wäre. Die Möbel und Einrichtungen der besten Stube werden je nach Wunsch und Vermögen teilweise handwerklich aus Eiche und bestem Material und teilweise auch fabrikmäßig hergestellt. Die Möbel der besten Stube sind hier bei den Bauern etwa um die Hälfte gute Handwerksarbeit und Fabrikarbeiten. Als Wandschmuck hängt in jedem Wohnraum ein Kruzifix und verschiedene Landschafts- und Familienbilder. In der alten Küche stehen zwei alte geschnitzte Eichenkoffer und zwei alte Eichenschränke."[29)]

Gänzlich anders waren die Verhältnisse im ostwestfälischen Raum, wo die Stube schon seit Jahrhunderten als alltäglicher Aufenthaltsraum diente. Darüber berichtet Karl Wehage aus einem Dorf im Kreis Minden:

„In Eisbergen wohnten die Leute in der Stube, und zwar von alters her, das ganze Jahr hindurch. Ausnahmen machten der Pastor und Küster und Ökonomie-Rat; diese hatten auch eine „beste Stube". Auch auf dem Gutshofe hatten die „Barons" mehrere Stuben. Auch Gesindestuben gab es daselbst.

Bei den Bauern waren Knechte und Mägde, Jungens und „Luits" mit in der gewöhnlichen Stube. In Eisbergen wurde zur Winterzeit auch darin gesponnen und gehaspelt. Bei den Bauern wurde kein Leinen darin gewebt; solches besorgten die „Leineweber" und hatten den Webstuhl in ihrer Wohnstube. Diese Leineweber gingen im Sommer entweder auf Ziegelei, oder auch als Strom- oder Bagger-Arbeiter an die Weser.

In den meisten Bauernhäusern war die Stube am Giebelende mitten im Hause, meistens 4 x 4 Meter im Quadrat und gut 2 Meter hoch, mit meistens drei Fenstern nach dem Garten. Neben der Eingangstür war an jeder Seite ein kleines Fenster, durch welches die ganze Deele und dortige Arbeiten zu sehen waren. Eine andere Tür ging zur Kammer, eine dritte zu der Küche. Die Fenster waren z.T. Flügelfenster, oftmals mit Bleisprossen. Gardinen waren vor den Fenstern nicht, vielleicht Topfblumen. Die Wände waren früher gekälkt und mit Ribbelgarnknäuel wurden bunte blaue „Überdruck"-Figuren darüber geworfen. Tapezierte Wände waren selten, aber „Holzwerkverkleidung" vielfach. Der Fußboden war aus breiten Dielen, Eiche, Buche oder Tannen. Zu Festen und zu Sonntag wurde weißer Sand schön gestreut. Die Balken der Decke waren wohl mit Strohlehm und „Kliester-Ruten" überzogen, reichten aber weiter herunter als die Zwischenfächer mit den „Wellerspielen". An diesen Balken waren Nägel oder eiserne Stangen zum Aufhängen der Petroleumlampen. Kienspan gab's in Eisbergen zu meiner Zeit nicht mehr; solches habe ich in der Lüneburger Heide erlebt.

Der Stuben- oder Eßtisch stand meistens in einer Stubenecke, dem Ofen gegenüber. Tische waren meistens viereckig und mit einem Schubkasten, alles Eichenholz. Auch die sogenannten „Musikantentische" waren aus Eichenholz mit gedrehten Beinen und Querleisten zum Aufstellen der Füße, alles Naturholz und nicht gestrichen. Selten wurde eine Tischdecke aufgelegt. Die Tische wurden mit Sand gescheuert. Zu meiner Zeit waren die Bänke an die Wand gestellt. Daselbst stand auch der Eßtisch; Jungens gehörten auf die Bank. In der Ecke, wo beide Bänke zusammenstießen, stand der Brotkasten. Die Stühle waren meist Eschenholz mit mittelhoher Lehne, Heimarbeit. Mit dem Sitz wurden diese unter den Tisch gestellt, wenn nicht benutzt. Jeder Hausgenosse hatte sozusagen seinen bestimmten Sitzplatz, der Großknecht mußte auch das Brot schneiden. Ein Brot- und Geschirrschrank stand neben der Tür. Im oberen Teile hinter Glasscheiben standen bunte Tassen. Nähsachen und Flicksachen waren in besonderen kleinen Kasten. Medizin, Schreibzeug und Bücher befanden sich im anderen Schranke. Die Kommode stand in der Kammer, meist Kirschen- oder Eichenholz. Die Tischler machten Sitze, Stühle und allerlei Möbel meist bei den Bauern im Hause, oftmals hielt die „Aussteuer" auch das ganze Leben an. Seit der Jahrhundertwende ist es üblich geworden, fertige Möbel zu kaufen.

Als Wandschmuck waren Soldaten- und Konfirmationsbilder üblich. Auf den Fensterbänken waren auch Blumen: Geranien, Brandbäume, Fuchsien, Auferstehungsblume, Pantoffelblumen usw. Getrocknete Blumen, Zittergras, wurde im Glasschrank eingestellt. Erst mit der Jahrhundertwende kam allgemeiner Aufwand. Bessere Möbel, gestrichene Fußböden, Gardinen oder oft Rollowe.

Im Winter war die Wohnstube den ganzen Tag geheizt, denn eine warme Stube und ein schönes Bette ist oftmals eine Wohltat. Alle Mahlzeiten wurden in der Wohnstube eingenommen. Im Winter wurde auch in der Stube Kaffee und Mittag gekocht. Auch wurde der Brotteig in der Stube angesetzt und am andern Morgen im Backofen gebacken. Pfannekuchen wurde in der Stube gebacken, Sommertags aber in der Küche. Auch Feierabendarbeiten wie Gemüseputzen, Kartoffelschälen und Körbeflechten, Spinnen und Nähen wurde in der Stube gemacht. Auf den Bauernhöfen waren Knechte und Mägde auch in der Stube. Sommertags wurde in der Wohnstube nicht gekocht. Wohl wurde darin gegessen. Auch machten die Schulkinder ihre Arbeiten in der Wohnstube. Früher wurden Kirchgangskleider über die Bettstellen gelegt, damit „Ausdünstung" erfolgte und abends im Schrank aufgehängt. Heutzutage geschieht solches auch in der vorhandenen besten Stube.

> **„Es gibt auch Leute, welche ihre „beste Stube" nur selten betreten. Nur um ihre „eingebildete bessere Stellung" haben solche die „Prunkstube" und reden auch mit den eigenen Kindern „in Hochdeutsch" worüber man lachen müßte . . ."**

Bei Besuch wird dort auch Kaffee getrunken. Es gibt auch Leute, welche ihre „beste Stube" nur selten betreten. Nur um ihre „eingebildete bessere Stellung" haben solche die „Prunkstube" und reden auch mit ihren eigenen Kindern „in Hochdeutsch", worüber man lachen müßte."[30]

Auch im südlichen Westfalen, im Sauer- und im Siegerland, bildete die Wohnstube spätestens seit dem 17. Jahrhundert den alltäglichen Wohnraum jedes Bauernhauses. Die Nutzung dieser Wohnstuben in der Zeit um 1900 und später beschreibt der Gewährsmann Hermann Kronshage aus dem Dorf Afholderbach im Kreis Siegen:
„Während man heute einen Unterschied macht zwischen „goare Stoarw" und „Wohnstoarw" [guter Stube und Wohnstube], kannte man vor mehr als 50 Jahren lediglich die „Wohnstoarw", jene Stube, in der auch gesponnen und gewebt wurde und zwar bei spärlichem Petroleumlicht. Diese Stube, etwa 5 m lang und 3 m breit, lag hinter dem Kuhstall, der sich rechts vom „Ern" [dem Dielenraum] befand. Der Zugang zur selben ging von der Küche aus, die etwa 1/2 m höher war. Als Fußbodenbelag verwandte man breite Eichendielen, die Wände waren gekälkt. Tapeten kannte man nicht. Die Fenster, oft vier an der Zahl, waren recht klein. Sie waren durch Fensterflügel zu öffnen. Gardinen? Ja, aber recht dürftige. Vor jedem Fenster befand sich eine, die man zur Seite schieben konnte, wenn es Tag war, und die man vorzog, wenn es Abend wurde. Um die Deckenbalken legte man dünn gespaltenes „Härselholz" [Haselholz], schmierte Lehm darauf und „band" so die Balken ein. Die Beheizung des großen gußeisernen Ofens geschah von der Küche aus. Geheizt wurde mit Holz. Gekocht wurde auf diesem Ofen nicht.

Die Einrichtungen dieser „Wohnstoarw" waren im Vergleich zu heute doch recht primitiv. Man liebte das solide, das Einfache und war ein Gegner alles Gekünstelten. Die Möbel wurden hauptsächlich vom „Hermes Onkel" – im Nebenberuf Dorfschreiner – angefertigt. Manches machte man sich auch selbst. Der aus Eichenholz gefertigte Stubentisch hatte zwei Schubladen. Er stand auf vier Beinen. Querleisten fehlten. Der Tisch war weder gestrichen, noch poliert. Jeden Samstag wurde er mit Seife tüchtig geschmiert. Eine Tischdecke war überflüssig. Er stand in der Stubenecke, aber so, daß er von allen Seiten zugängig war. Auch die Stühle wurden vom Ortsschreiner hergestellt. Es waren einfache Lehnstühle mit Holzsitz. Sessel kannte man erst später, vielleicht um 1900 herum. Auch Bänke standen in der Stube. Sie hatten keine Rückenlehne, man konnte sie transportieren, sie waren also nicht an der Wand befestigt. Jeder Hausgenosse hatte seinen bestimmten Platz. So setzten sich die Frauen so, daß sie jederzeit aufstehen konnten, um z.B. das Essen nachzuholen. Auch der Schrank – Wandschrank genannt – war recht einfach. Eichenholz wurde nicht dazu verwandt. Man strich ihn gewöhnlich mit einer leichten braunen Farbe. In ihm wurden Brot und Geschirr (Teller und Tassen) „verwahrt". Auch Näh- und Flicksachen fanden schon mal ihren Platz dazu. Ein Eckschränkchen oder Eckbrett durfte nicht fehlen. Darauf stand der Wekker, vielleicht ein Thermometer, bestimmt aber hatte die Bibel hier ihren ehrwürdigen Platz. Was ich über den Sessel sagte, trifft auch für die Kommode zu. So um das Jahr 1900 wurde die erste Kommode angeschafft.

Während der Einsegnungsspruch und der Brautkranz in fast allen Fällen im Schlafzimmer aufgehängt wurden, hing in der Wohnstube wohl lediglich der „Haussegen". Dieser lautete:

Wo Liebe, da Friede,
Wo Friede, da Segen,
Wo Segen, da Gott,
Wo Gott, keine Not.

Vor den Fenstern standen Blumen. Welche, konnte ich nicht ermitteln. Künstliche Blumen sowie getrocknete waren in damaliger Zeit (vor 1900) unbekannt.

Nach 1900 kam dann auch die „goare Stoarw" [gute Stube] auf. Sie lag links vom „Ern" [dem Dielenraum]. Hinter ihr befand sich auch die Schlafkammer. Sie war schon vornehmer. Die Wände hatten Tapete, der Fußboden war geölt. Vor den Fenstern hingen bessere Gardinen. Auch die Möbel waren feiner gearbeitet. So stand in der „goare Stoarw" auch ein Sessel. An Feiertagen wurde in dieser Stube gegessen und Kaffee getrunken. Familienfeiern wurden darin abgehalten. Sonst führte man nur „höheren Besuch" hinein, dazu gehörte der Pfarrer und der Lehrer.

Während also die „goare Stoarw" – man kann sagen – seltener benutzt wurde, war die „Woarnstoarw" wirkliche Wohnstube. Sie wurde täglich geheizt, in ihr wurden die täglichen Mahlzeiten eingenommen, wurde der Teig des Brotes hergerichtet, auch Kuchen angerührt, in ihr wurde gesponnen und gewebt und abends saßen alle Hausgenossen in der Stube und verrichteten sogar die Feierabendarbeiten wie Gemüseputzen und Körbeflechten."[31)]

Abb. 31) „Förkökken" – so wurde die Küche im Bauernhaus Enxing in Vreden-Krosewick, Kr. Ahaus, durch die siebzigjährige „Möhne" benannt. Nach dem Einbau einer Kochküche wurde die „Förkökken" als Wohndiele eingerichtet. (1966)

Abb. 32) Ansicht der Küchenseite gegenüber dem Herd mit Durchgang zur Deele auf dem Hof Vogtsmeier in Druffel, Kr. Wiedenbrück. Links ein Küchenschrank des 19. Jahrh. mit verglastem Oberteil, rechts ein offener „Kannenstock" des 18. Jahrhunderts. (1965)

Abb. 33) Richtfest einer Scheune auf dem Hof Brinkmann in Nienberge bei Münster. Nach dem Aufrichten der Fachwerkkonstruktion und des Dachwerks haben die Handwerker auf dem Dachfirst den sog. „Richtbaum" aufgesetzt. (1931)

Der Bau des Hauses

Bis ins 19. Jahrhundert wurden die westfälischen Bauernhäuser fast ausschließlich in Fachwerkbauweise errichtet. Mit den Arbeiten beauftragte man hauptsächlich örtliche Bauhandwerker. Am wichtigsten waren hierbei die Zimmerleute und Maurer, die aber auf dem Lande ebenso wie etwa Dachdecker, Lehmwerker oder Anstreicher nicht zünftig organisiert waren und zumeist auch keine geregelte Ausbildung kannten. Meist arbeitete ein erfahrener Handwerker als sogenannter Meister mit einer Vielzahl von Helfern, die einfache Arbeiten verrichten konnten, etwa Balken zuhauen, Bretter sägen, Wände flechten oder Lehm kneten. Viele dieser Tätigkeiten wurde auch von der Familie oder dem Gesinde des Bauherrn in Eigenleistung erbracht.

Die Materialkosten waren relativ gering. Bauholz bekam man aus dem gemeinschaftlich genutzten Wald umsonst, Lehm konnte man fast überall graben und Dachstroh hatte man selber genug. Auch Backsteine wurden bei Bedarf in Eigenleistung hergestellt. Zukaufen mußte man in der Regel geschmiedete Nägel und Beschläge, Mauer- und Anstrichkalk sowie das teure Fensterglas. So fielen für große Teile des Hauses nur die Arbeitslöhne der Handwerker an. Alte Baurechnung, wie sie vereinzelt seit dem 17. Jahrhundert überliefert sind, lassen dies deutlich erkennen.[32)]

Die zimmermannstechnischen Arbeiten beim Bau eines Fachwerkhauses gehören wohl zu den am schlechtesten dokumentierten und bisher am wenigsten untersuchten Aspekten des westfälischen Bauernhauses. Trotz zahlreicher regionaler Besonderheiten der unterschiedlichen Hausgerüste war die Arbeit der Zimmerleute im Grunde genommen wohl überall sehr ähnlich.[33)]

Im Winter wurden als Bauhölzer geeignete Bäume ausgesucht, geschlagen, zum Zimmerplatz transportiert und vierkantig behauen. Nach seinen angelernten Bauschemata, eigenen Erfahrungen, Angaben des Bauherrn und spätestens seit dem 18. Jahrhundert auch nach Bauplänen mußte der Zimmermann dann mit Meßlatte und Zirkelschlag das Haus in allen Einzelheiten auf dem Zimmerplatz im Maßstab 1:1 aufreißen und die entsprechenden Bauteile wie Ständer, Riegel, Balken und Sparren genau zurechtsägen. Beim Abzimmern war jedes auch noch so kleine Bauholz genau zu bedenken, denn hatte man das Fachwerkgerüst erst einmal zusammengefügt und mit Holznägeln gesichert, konnte man im Weg stehende Hölzer nur noch gewaltsam heraussägen bzw. fehlende Hölzer nur noch provisorisch einflikken. So geben sich spätere Umbauten bei einem Fachwerkhaus immer deutlich zu erkennen. Die einzelnen Hölzer wurden auf dem Zimmerplatz mit sogenannten Zimmermannszeichen ihrer Lage nach markiert, so daß man sie beim Zusammenbau eindeutig wiederfinden und einordnen konnte. Bei erhaltenen Fachwerkhäusern kann man diese Zeichen,

Abb. 34) Richtfest einer Scheune auf dem Hof Ahler-Averdiek-Junker in Vreden-Köckelwick. Nach dem Aufsetzten des letzten Sparrenpaares wird ein Tuch mit einer Flasche Schnaps und einem Geldgeschenk des Bauherren an die Handwerker am First aufgehängt. Der mittlere der drei Zimmerleute oben im Bild hält das Tuch bereits in seiner Hand. (1921)

Abb. 35) Selten sind Aufnahmen von bäuerlichen Richtfesten, die bis in das 19. Jahrh. zurückreichen. So zeigt auch die Aufnahme von 1890 aus der Zunftlade der Rüthener Schreinerzunft nicht den Bau eines Bauernhauses, sondern das Richtfest des Rathauses in Rüthen.

meist in Form von römischen Zahlen, stets finden. Sie bilden gleichsam die „Handschrift" des Zimmermanns und können nicht nur zur Unterscheidung einzelner Werkstattkreise, sondern auch zur Rekonstruktion und Datierung von Fachwerkbauten benutzt werden.

Beim Auslegen des Hausgerüstes auf dem Zimmerplatz in Längs- und Querrichtung kontrollierte der Zimmermann, ob alle Bauteile vorhanden waren und ob alle Maße stimmten. War dies der Fall, so wurde mit dem Zusammenfügen des Fachwerkgerippes begonnen. Als Fundamente dienten in der Regel Findlinge oder Bruchstein-, später auch Backsteinsockel, auf denen zumeist ein hölzerner Schwellenkranz ruhte. Je nach Art des Hausgerüstes wurde der eigentliche Baukörper bei Häusern mit Ankerbalken- und Einhälsungszimmerung aus einzelnen Gebinden in Querrichtung, bei solchen mit Dachbalkenzimmerung aus den fertig verzimmerten Wandfluchten in Längsrichtung aufgestellt. Für dieses Hausrichten waren zahlreiche Arbeits-

Abb. 36) Der Ausschnitt zeigt in der Mitte ein Speißkübel, links davon sitzt der Maurer-, rechts der Zimmermeister. (1890)

Abb. 37) Aufrichten der Ständer-Gebinde für eine Scheune auf dem Hof Rohlfing in Preußisch-Ströhen, Kr. Lübbecke. Links im Hintergrund das alte Haupthaus. (1952)

kräfte nötig, so daß das Aufrichten in ein bis zwei Tagen erledigt sein mußte. Da nach etwa 1870 kaum noch Bauernhäuser komplett in Fachwerkbauweise errichtet wurden, liegen entsprechende volkskundliche Berichte oder Photoaufnahmen vom Hausrichten kaum vor. Sie beziehen sich fast ausschließlich auf Nebengebäude oder jüngere Haupthäuser, die man bereits größtenteils in Massivbauweise errichtete.

„1669 untersagte Fürstbischof Christoph Bernhard von Galen wegen der starken Abholzung die Ausfuhr von Zimmerholz . . ."

Abb. 38-40) Abfolge der Arbeitsschritte bei der Errichtung eines kleinen Bauernhauses mit Ankerbalkengefüge im Westmünsterland:

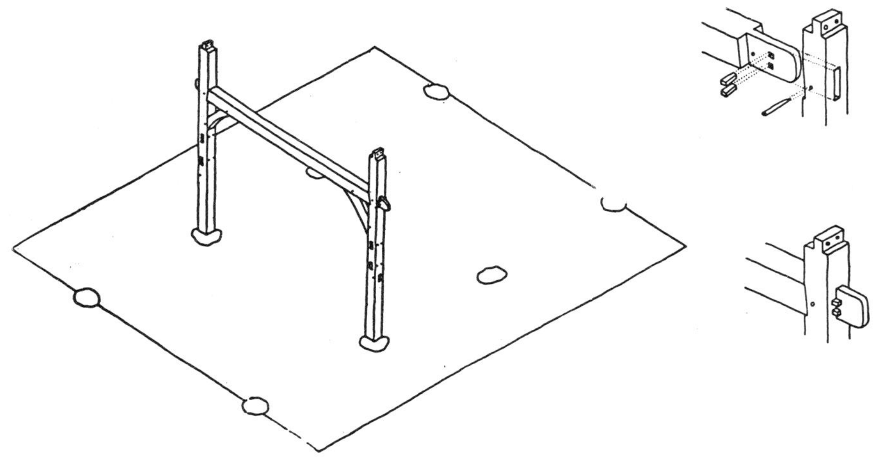

Abb. 38) Aufstellen des ersten Gebindes auf die Fundamentsteine.

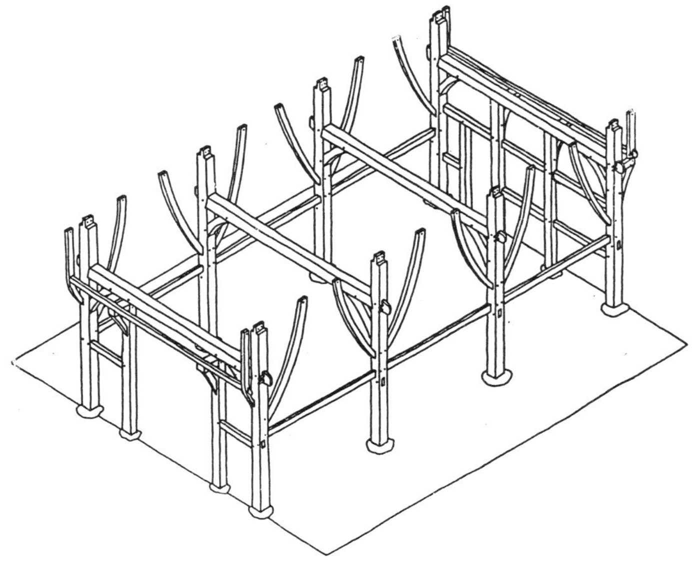

Abb. 39) Das komplette Innengerüst (ohne Rähme und Dachwerk)

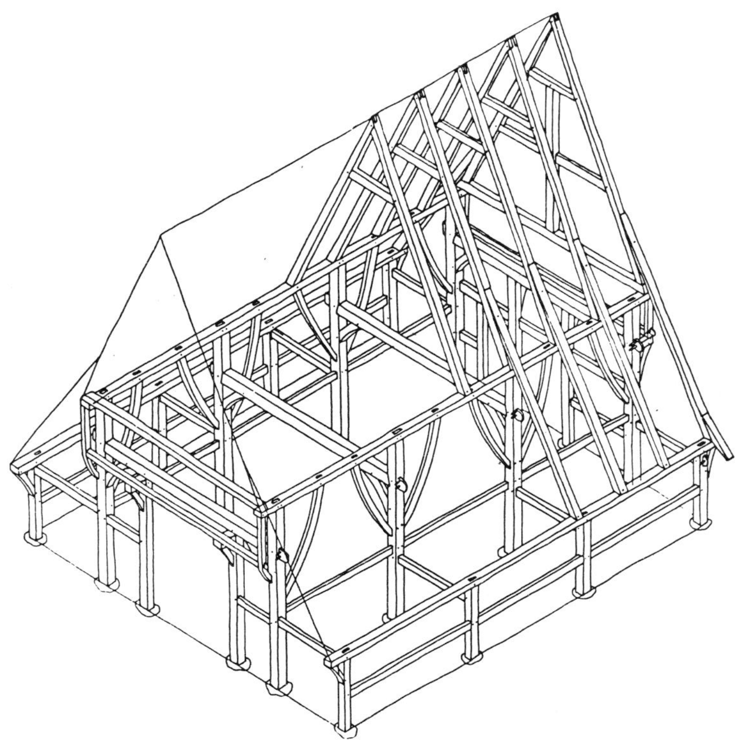

Abb. 40) Das fertige Hausgerüst (ein Teil der Sparren zur besseren Anschaulichkeit weggelassen).

Das Holzrecht
In manchen Gebieten Westfalens war Bauholz schon im späten Mittelalter knapp geworden, so daß sich die Obrigkeit zur Einschränkung des Holzeinschlages veranlaßt sah. Dabei muß man berücksichtigen, das die Eichen nicht nur als Bauholz, sondern vor allem auch zur Eichelmast der Schweine unbedingt benötigt und deshalb besonders geschützt wurden.

Zunächst verboten einzelne Grundherren ihren Bauern, mehr Bauholz als zum Unterhalt der Hofgebäude unbedingt nötig zu fällen, um so den Waldbestand ihrer Höfe zu erhalten. So untersagt das Stift Xanten 1379 den Pächtern seines in der Bauerschaft Liedern bei Bocholt gelegenen Hofes Broemelwyk, mehr Hartholz zu schlagen, als für den Bau des Hofes nötig sei. 1423 wurde dann einem neuen Pächter verboten, ohne die ausdrückliche Erlaubnis des Stiftskapitels Eichenholz zu schlagen.[34)]

Aber auch gegenseitig kontrollierten die Bauern als Markengenossen den Holzeinschlag in ihrem gemeinschaftlichen Waldbesitz. So heißt es 1556 im „Höltingsprotokoll" der Osterwolder Mark im östlichen Münsterland, beim Brand eines Hauses solle man dem Betroffenen nur „so viell holtes wyssen [= zuweisen], da he vehr Vack Huises und ein Kemerken weder bouwen kann", also ein Haus von vier Gefachen Länge mit einem angebauten Kammerfach. 1526 hatte ein abgebrannter Anteilsberechtigter in der benachbarten Mark Hoetmar zudem noch Holz für eine Scheune von zwei Fach und für einen Zaun um seinen Garten zugewiesen bekommen.[35)]

Ähnliche Einschränkungen des Holzeinschlages sind im 16. Jahrhundert aus zahlreichen westfälischen Marken belegt, sie konnten den Raubbau an den Waldungen aber nicht aufhalten. So sah sich letztlich die staatliche Obrigkeit veranlaßt, mit allgemeinen Gesetzen einzugreifen, um eine ökologische und ökonomische Katastrophe zu verhindern. Der münsterische Fürstbischof Ferdinand von Bayern bestimmte schon am 23. Mai 1613 wegen der zunehmenden „Holz-Devastation", daß ohne die Erlaubnis des Grundherrn nirgendwo mehr Bauholz gefällt werden durfte. Gerade im Münsterland wurde aber viel Bau- und Zimmerholz für den Schiffbau in die benachbarten Niederlande verkauft, was zu einer weiteren Zerstörung der Waldbestände beitrug. Daher erging am 11. Juni 1652 ein Erlaß zur Eindämmung des Holzfrevels und 1669 untersagte Fürstbischof Christoph Bernhard von Galen wegen der starken Abholzung die Ausfuhr von Zimmerholz, um bei Bränden noch genügend Bauholz in Reserve zu haben.[36)]

Trotz aller Maßregelungen war der Verfall der Waldungen in der Neuzeit nicht mehr aufzuhalten. In der Zeit um 1800 standen in den Marken mancher Bauerschaften einfach keine Eichenbäume mehr zur Verfügung und man mußte nun auf massiven Steinbau bzw. für die hölzernen Bauteile auf Nadelholz ausweichen.[37)] Große Höfe hatten sich damals oft schon private Waldungen angelegt, aus denen sie ihren Holzbedarf decken konnten. Nach der Privatisierung und Teilung der Markengründe im 19. Jahrhundert half man sich gegenseitig bei Bränden, indem man bei den Nachbarn Bauholz sammelte. Bis in die 1870er Jahre war dies allgemein üblich, später wurde es wegen der damit verbundenen Umtrünke und Ausschreitungen von den preußischen Behörden verboten.[38]

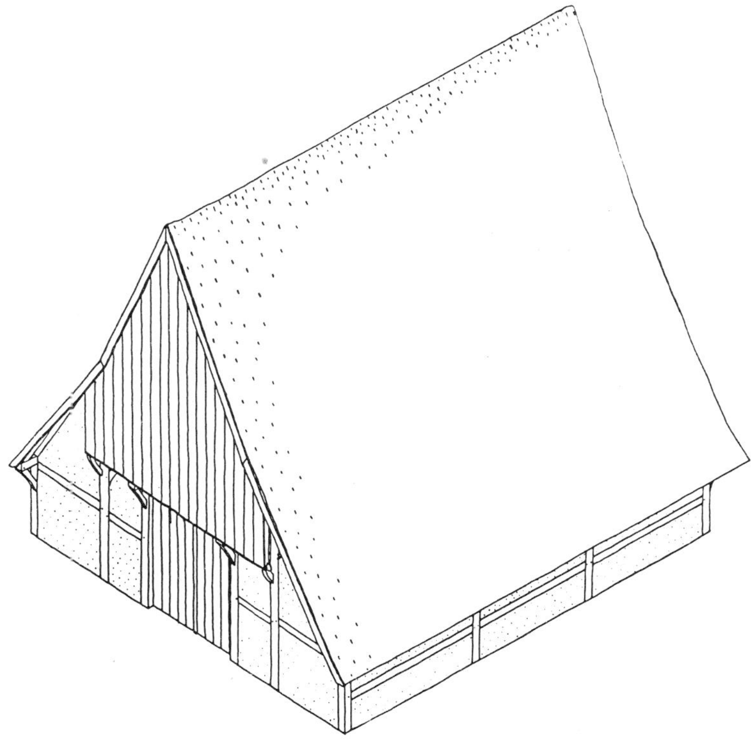

Abb. 41) Das fertige Hausgerüst nach der Aufbringung des Strohdaches, der Verbretterung der Giebeldreiecke, dem Verschließen der Außenwände mit Lehmflechtwerk sowie dem Einbau von Türen und Fenstern.

Abb. 42) Viele starke Hände wurden benötigt, um die Ständer-Gebinde aufzurichten, auch war diese Arbeit nicht ungefährlich. Aufrichten einer Scheune auf dem Hof Rohlfing in Pr.-Ströhen, Kr. Lübbecke. (1952)

Abb. 43) Feldbrand in Rhede-Krommert. Im Vordergrund Aufbereitung und Transport des Lehms. In der Mitte Abfüllung des Lehms in Formkästen auf dem Formtisch und Aufstellen der feuchten Lehmziegel zum Trocknen (Frauen- und Kinderarbeit!) Im Hintergrund der Feldbrandofen und Antransport von Brennmaterial. (1888)

Backstein-Herstellung im Feldbrand

Der Übergang von der Fachwerk- zur Massivbauweise im 19. Jahrhundert hat für das ländliche Bauwesen zahlreiche Veränderungen mit sich gebracht. Neben die Zimmerleute traten nun die Maurer als wichtigste Bauhandwerker. Die Beschaffung und Aufbereitung der neuen Baustoffe erforderte einen erheblich höheren Aufwand des Bauherrn, bis sich im späten 19. Jahrhundert auch auf dem Lande die moderne Bauindustrie stärker durchsetzte. Bis zu Beginn des 20. Jahrhunderts wurden aber selbst Massenprodukte wie Ziegelsteine von den Bauern nicht bei einer Ziegelei gekauft, sondern im sogenannten Feldbrandverfahren selbst hergestellt. Aus volkskundlichen Berichten über die Zeit um die Jahrhundertwende ist die Verfahrensweise des Feldbrandes relativ genau überliefert. Ein Sohn vom Schulzenhof Beerhorst in Ahlen schreibt dazu:
„Wenn ein münsterländer Bauer im vorigen Jahrhundert Ziegelsteine zum Bau eines Wohnhauses, Speichers, Stallung oder Scheune benötigte, so machte er einen sog. „Feldbrand". Der letzte Feldbrand in hiesiger Gegend, soweit mir bekannt, wurde im Jahre 1901 auf meinem elterlichen Hof in Ahlen gemacht. Ich habe an diesem als Junge mitgeholfen und erinnere mich dessen ganz gut. Ich will nun versuchen, die Herstellung dieser Feldbränder schildern.

Sollte ein Feldbrand gemacht werden, so suchte der Bauer zuerst eine Stelle mit dem passenden Lehm. Dann wurde die sog. „Lehmmühle" („Läimmüel") aufgebaut. In dieser „Läimmüel" wurde der „Läim" gemahlen. Angetrieben wurde dieselbe von einem Pferd. Die Mühle („Müel") bestand aus einem viereckigen Holzaufbau von 1 x 1,6 Metern. In demselben stand eine Säule („Suhl"), die am unteren Ende mit eisernen Greifern und einem Siebereister versehen war. Der obere und untere Teil des „Suhls" hatte einen ei-

Abb. 44) „Steenomm'n“ der Ziegelbrenner Theodor und Hermann Olbert nach Beginn des Feldbrandes beim Auffüllen der Feuerungskanäle. Vreden-Köckelwick, Kr. Ahaus. (1927)

sernen Zapfen, der in einem Gehäuse stand. Der obere Zapfen der „Suhl“ bewegte sich in einem Balken, der die „Müel“ überspannte und auf zwei Pfosten ruhte. An dem „Suhl“ war ein schräggestellter Zugbaum angebracht, vor den ein Pferd gespannt wurde. Der „Suhl“ drehte sich somit um seine eigene Achse („Drehte“), wenn das Pferd anzog. Von oben wurde nun der Lehm („Läim“) in den Aufbau gebracht. War nun der Mahlgang im Gange, so drückte sich der fertig gemahlene Lehm („Läim“) nach unten und gelangte vor den Reister, welcher den fertigen Lehm durch eine Öffnung im Aufbau nach außen schob. Von hier aus wurde der Lehm („Läim“) mit einer besonderen Schiebkarre auf den Formtisch geschoben und konnte dann zu sog. „Kluten“ geformt werden.

Auf dem Formtisch war eine hölzerne Form in Größe der Backsteins-„Klute“ angebracht. Die fertige „Klute“ wurde nun mit einem eigens dazu konstruierten Mechanismus (die „Klute“) aus der Form herausgehoben und auf einem Brettchen von einem Jungen abgetragen und zum trocknen aufgestellt. Soweit der Vorgang des „Klutenmachens“.

Wenn dann nach einigen Wochen die „Kluten“ abgetrocknet waren, wurden sie in einem sog. „Feldbrand“ zusammengestellt. In so einem „Feldbrand“ waren 40-60tausend „Kluten“. Das Aufbauen eines Feldbrandes war nicht so einfach und es wurde ein gelernter Ziegelmeister damit beauftragt. Und nun der eigentliche „Feldbrand“. Zuerst wurde ein halbmondförmiges Gewölbe mit einem Loch für die Feuerung aus fertigen Backsteinen aufgemauert. Dann wurden die trockenen „Kluten“ vor der Feuerung aufgestellt und mit Zügen versehen, die im hinteren Teile des Brandes in zwei kleinen Schornsteinen mündeten. Zwischen den einzelnen Klutenreihen wurde Steinkohle gestreut und der Brand konnte angefacht werden. Der Brand mußte nun 8-10 Tage oder noch länger brennen. Vor der Feuerung war eine Hütte aus Stroh gebaut für den Ziegelmeister, der Tag und Nacht beim Brand zugegen sein mußte. Der so aufgestellte Brand wurde von allen Seiten mit einer 60-80 cm Erdschicht umwallt.

Der letzte Ziegelmeister, der den Feldbrand auf meinem elterlichen Hofe machte, war ein Steinkamp aus Ascheberg.“[39)]

Die Errichtung eines Bauernhauses um 1900

Der Bau eines Hauses umfaßte schon in früheren Zeiten zahlreiche Arbeitsschritte und Einzelarbeiten, die hier in ihren Details sowie in ihren regionalen und sozialen Unterschieden nicht darstellbar sind. Statt dessen soll exemplarisch der Bau eines Hauses in der Zeit um 1900 geschildert werden. Der Berichterstatter Rudolf Schulz, geboren 1885 in der Bauerschaft Hollich bei Steinfurt im nördlichen Münsterland, war selber Maurer und konnte deshalb die Organisation und den Ablauf der einzelnen Arbeitsschritte besonders gut verfolgen und beschreiben:

„Mein Geburtshaus brannte am 4. November 1905 vollständig ab. Im Winter 1905/1906 wohnten wir in dem Nebenhause, teils Scheune, teils Stallung. Das war 1904 gebaut. So hatten wir in dem Winter noch ein einigermaßen leidliches Unterkommen. Wir bauten an der gleichen Stelle wieder auf. Das Vierkant wurde nun massiv gebaut. Beim alten Haus war es Fachwerk gewesen. Die Balken und Sparren des Neubaues waren ausschließlich Eichenholz. Die Stämme kauften wir bei verschiedenen Besitzern in Hollich. Das meiste lieferte Schulze Palstring, Schulze Rummeling und Zeller Hallau. Die Zimmerarbeit machte Rehorst aus Hollich. Der war der Schwiegersohn meines Vaters. Er hatte einen kleinen Kotten und war auch Zimmermann. Er arbeitete allein. Wir würden heute sagen: „Einmannbetrieb".

Die Eichenstämme wurden zunächst mit der Axt behauen. Das war dann zunächst die Arbeit für uns Brüder. Wir waren noch 3 Brüder zu Hause und haben den ganzen Winter nur an dem Holz für den Neubau gearbeitet: fällen, heranschaffen, bearbeiten. Sonst würde ich wie in anderen Jahren Holzschuhe gemacht haben in der Werkstatt meines Vaters. Mauern im Sommer, Holzschuhmacher im Winter, das gab es damals fast immer in Hollich. Auch waren Maurer im Winter wohl Hausschlachter.
Das Abschnüren der geraden Linien an dem Stamm, worauf wir uns beim Behauen zu richten hatten, geschah mit einem dicken Bindfaden, der mit einem angebrannten grünen Erlenknüppel geschwärzt war. Unsere Arbeit mit der Axt war ja nur so ungefähr. Sie wurde „nachpoliert" von unserem Schwager mit einem breiten Beil, das ausschließlich für diese Arbeit gebraucht wurde. Dickere Stämme, die nicht als Balken gebraucht wurden, aber als Sparren zu schwer waren, schnitten wir mit der Brettsäge der Länge nach durch. Das hätten wir auch in einer Sägemühle in Burgsteinfurt machen lassen können. Aber das kostete uns zuviel Geld. Und Transport hin und her! Der Tagelohn betrug damals im Winter bei voller Kost 1,50 Mark. Gearbeitet wurde vom Licht bis zum Düstern. Volle Kost hieß: Frühstück, Mittagessen, Vesper, Abendessen. Dazu gehörte vier mal am Tage mindestens ein Schnaps. 9 Uhr, 11 Uhr, 3 Uhr, 5 Uhr, diese Zeiten waren die „Drinkenstieden". Die fielen aber in diesem Falle, da wir mit eigenen Leuten arbeiteten, aus. Manche Bauherren gaben statt des einen auch wohl 2-3 Schnäpse.

Am 28. April 1906 konnte endlich gerichtet werden. Dazu waren nun damals viele kräftige Männerhände notwendig. Deren Zahl richtete sich nach der Größe des Hauses, und zwar nach seiner Breite. Jeder Zimmermann rechnete in Hollich je Fuß 1 Mann. Das war so zu verstehen: Unser Haus wurde 13 Meter breit, das sind rund 40 Fuß. Also waren 40 Mann erforderlich. Länge des Hauses 72 Fuß = 24 Meter. Woher kamen nun die Männer? Da war zunächst die Nachbarschaftshilfe. Jeder Nachbar hatte einen Mann als Pflichthilfe zu stellen. War die nicht im Hause vorhanden, mußte der Nachbar statt deren eine Hilfe selbst auftreiben. Wir hatten nur eine kleine Nachbarschaft von vier Familien. Dazu kam die Hookhilfe. Hollich hatte 8 Höke. So ein Hook umfaßte in der Regel eine Häusergruppe.

„Niehuß Stiege" benannt nach dem Bauer Niehuß und den Häusern an einem Holwege = Stiege. „Feldhook" umfaßt das ehemalige Markenland im Norden, noch heute nur Siedlungen am Rande, kultiviert fast ganz, „Biekwilmshook" nach dem Besitzer Biekwilm. „Tiggelduorp" war der größte Hook mit 32 Häusern. Da brannten auch wir die Steine im Feldbrand. Den Lehm holten wir von „An'n Busk" = am Buchenberg = Buchenwald auf der Höhe von Burgsteinfurt nach Emsdetten. „In'n Busk" lag am Bagno, dem großen Waldgebiet mit prächtigen Buchen und Eichen in Richtung Borghorst. Wir gehörten zu „In'n Busk" mit 9 Hausstätten. Jede Hausstätte hatte auch eine männliche Kraft zu stellen wie der Nachbar. Wer konnte, stellte selbstverständlich mehr. Aber 40 Mann kamen nur selten so zusammen, so im Tiggelduorp wohl. Da hat mein Vater unter Verwandten und Bekannten Umschau gehalten und so 40 zusammengebracht. Diese Hilfe wurde nicht bezahlt, es war eine Ehrensache.

„Der Tagelohn betrug damals im Winter 1,50 Mark bei voller Kost. Gearbeitet wurde vom Licht bis zum Düstern. Dazu gehörte vier mal am Tag mindestens ein Schnaps."

Das Richten fiel in die Zeit des Kartoffelpflanzens. Und schlechtes Wetter hatte diese Arbeit aufgehalten. Und es drängte damit. Da haben viele der Helfer schon morgens um 4 Uhr – man konnte ja schon sehen – schon Kartoffeln gepflanzt, um 7 Uhr zeitig zum Richten zur Stelle sein zu können. Es war dem Unternehmer damals noch freigestellt, bei der Berufsgenossenschaft für diesen Tag Versicherungsschutz zu nehmen. Bei uns hat Rehorst das getan. Das kostete 5 oder 6 Mark.

Ein Paar Sparren war ein Spann. An das letzte Spann nagelten die Zimmerleute am First einen grünen Zweig. Daran knüpfte der Bauherr – hier mein Vater – mit einem großen, roten Taschentuch das Trinkgeld. Es werden 20 Mark gewesen sein. Das Geld war aber nur für die Zimmerleute. Dann sprach der Zimmermann aus dem Hahnholt herunter den Richtspruch. Die Flasche zog er mit einem Reep (= dickes Seil) hoch, goß sich nach Geschmack ein und warf dann Flasche und Glas in die Tiefe. Scherben sollen ja Glück bringen.

Abb. 45) Beim Umbau des Hauses werden die Gefache freigelegt. Hof Vogtsmeier, Druffel, Kr. Wiedenbrück. (1965)

Abb. 46 u. 48) „Spillnde Wänne" – Ausstakung mit Flechtwerk und Lehmbewurf an einem Backhaus in Fabbenstedt, Kr. Lübbecke. (1970)

Abb. 47) Ständer mit Kopfbändern an einem Gebäude auf dem Hof Wernsmann in Birgte bei Riesenbeck, Kr. Tecklenburg. Teilweise handelt es sich um wiederverwendete Bauhölzer von einem älteren Gebäude. (1961)

Abb. 49 u. 50) Freigelegtes Scheunengerüst auf dem Hof Triphaus in Grofeld, Kr. Bersenbrück. Die alte Scheune nahm auf dem Hof zuviel Platz ein, wurde abgebrochen und auf dem Feld wieder aufgerichtet. (1954)

Die Bewirtung an so einem Tage war: Frühstück – belegte Stutenschnitten mit Butter und Schinken, kein Schwarzbrot.
Mittag – Erbsensuppe mit Speck und Mettwurst.
Vesper – belegte Stutenschnitten mit Butter und Schinken, kein Schwarzbrot.
Abendessen – Hochzeitsessen. Suppe mit eingeschnittenem Rindfleisch, Kartoffeln mit Soße und Braten, Pudding.
Bis zum Aufrichten des letzten Spanns gab es wenig Schnaps – vielleicht im ganzen 5-6 Stück. Abends gab es dann reichlich. Die Maurer bekamen ihr Trinkgeld erst dann, wenn der Schornstein aufgesetzt war. In den obersten Steinkranz wurde ein kleiner, frischer Zweig aufrecht eingemauert."[40]

Das Richtfest

Nach dem Aufsetzen des letzten Sparrenpaares feierte man, wie auch heute noch vielerorts üblich, das Richtfest. Es bildete zwar nicht den Abschluß, wohl aber den Höhepunkt der Bauarbeiten. Der schwierigste Teil des Hausbaus war nun geschafft und das gab Anlaß zu einer Dankesfeier, zumal an diesem Tage ja auch viele Nachbarn und Verwandte ihre Arbeitskraft unentgeltlich zur Verfügung gestellt hatten. Von einem Richtfest im Münsterland wurde oben schon kurz berichtet, in anderen Regionen Westfalens gab es aber auch andere Formen für diese Feier:[41]

„Im folgenden soll von den Richtfestsitten in Wittgenstein gesprochen werden. Das Zeichen für den Beginn des Richtfestes ist der Richtkranz oder der Richtbaum. Noch vor 20 Jahren [um 1950] wurde der Richtbaum mit einem Seil in die luftige Höhe gezogen. An ihm waren Geschenke für die Handwerker befestigt wie: Taschentücher, Zigaretten, Tabak im Beutel, Schokolade, Ölsardinen, Schnaps, Geld usw. Wenn der Baum nicht schwer genug war, also der Bauherr zu knauserig war, wurde er mehrere Male heruntergelassen, bis er das nötige Gewicht hatte. Selbstverständlich wurde auf die Vermögenslage des Bauherrn Rücksicht genommen, der ja auch für den

Abb. 51) Anfertigung der Richtkrone für eine „Husbürung". Neben dem Richtbäumchen konnte auch – wie hier auf dem Hof Niehoff in Leeden bei Tecklenburg – eine Richtkrone am First des Hauses befestigt werden. Ihre Anfertigung war Aufgabe der Nachbarn. (1966)

Abb. 52) Handwerker und Nachbarn beim Richtschmaus. Hof Brinkmann, Nienberge bei Münster. (1931)

Abb. 53) Gerade bei öffentlichen Gebäuden wird das Richtfest auch heute noch groß gefeiert. Hier sehen wir Maurer- und Zimmermeister in ihrer Handwerkerkluft beim Richtfest einer Turnhalle in Laer, Kr. Steinfurt. (1962)

Richtfestschmaus aufkommen mußte. Teilnehmer des Richtfestes sind: der Bauherr und seine Familie, der Architekt, der Bauunternehmer, die Handwerker, Freunde und Nachbarn. War der Bauherr nicht mir irdischen Gütern gesegnet, brachten die Nachbarn in einem Korb Kaffee, Lebensmittel und Alkohol für die Feier mit, um ihm Kosten zu ersparen, wie in Berghausen, Hemschlar und Weidenhausen, in Berghausen noch heute. Die Richtbäume, Tannen von 1-2 m Höhe, mit bunten Bändern geschmückt, werden von einem Zimmermann mit Nägeln am Firstbalken befestigt. Der erste Baum stammt von den Zimmerleuten selbst. Sie wollen als erste dem Bauherrn ihre Glückwünsche darbringen. Schon jetzt wird von ihnen ein Gläschen Schnaps nicht verachtet. Sobald das erste Bäumchen in luftiger Höhe thront, ist das Zeichen gegeben für weitere Bäumchen, die von den Nachbarn gebracht werden. Mit Segenswünschen für das gute Gelingen des Neubaues werden dem Bauherrn die Bäumchen übergeben. Wieder und wieder muß der Zimmermann auf das Gebälk klettern, um sie mit festen Hammerschlägen anzunageln. So wurden 1966 auf einem Neubau in Dotzlar 17 Bäumchen gezählt. Nachbarn, die kein Bäumchen brachten, überreichten dem Bauherrn einen Zehnmarkschein. Bei einer solchen Anzahl von Bäumchen mußte oft der Zimmermann mangels schwindender Standfestigkeit infolge des schnellen Alkoholgenusses durch einen Kollegen abgelöst werden. Rührend ist es, wenn statt des verhinderten Nachbarn dessen noch jugendlicher Sohn oder die Tochter ihre Glückwünsche darbringen. Alle Gäste werden von dem Bauherrn zu einem fröhlichen Richtfest mit Schmaus und Trunk eingeladen. Die Anwesenden nehmen zwanglos an den Tischen Platz und werden mit Bier, Schnaps und

Abb. 54) Gestaltung des Brauches beim Richtfest nach den Umfragen des Atlas der deutschen Volkskunde von 1933:

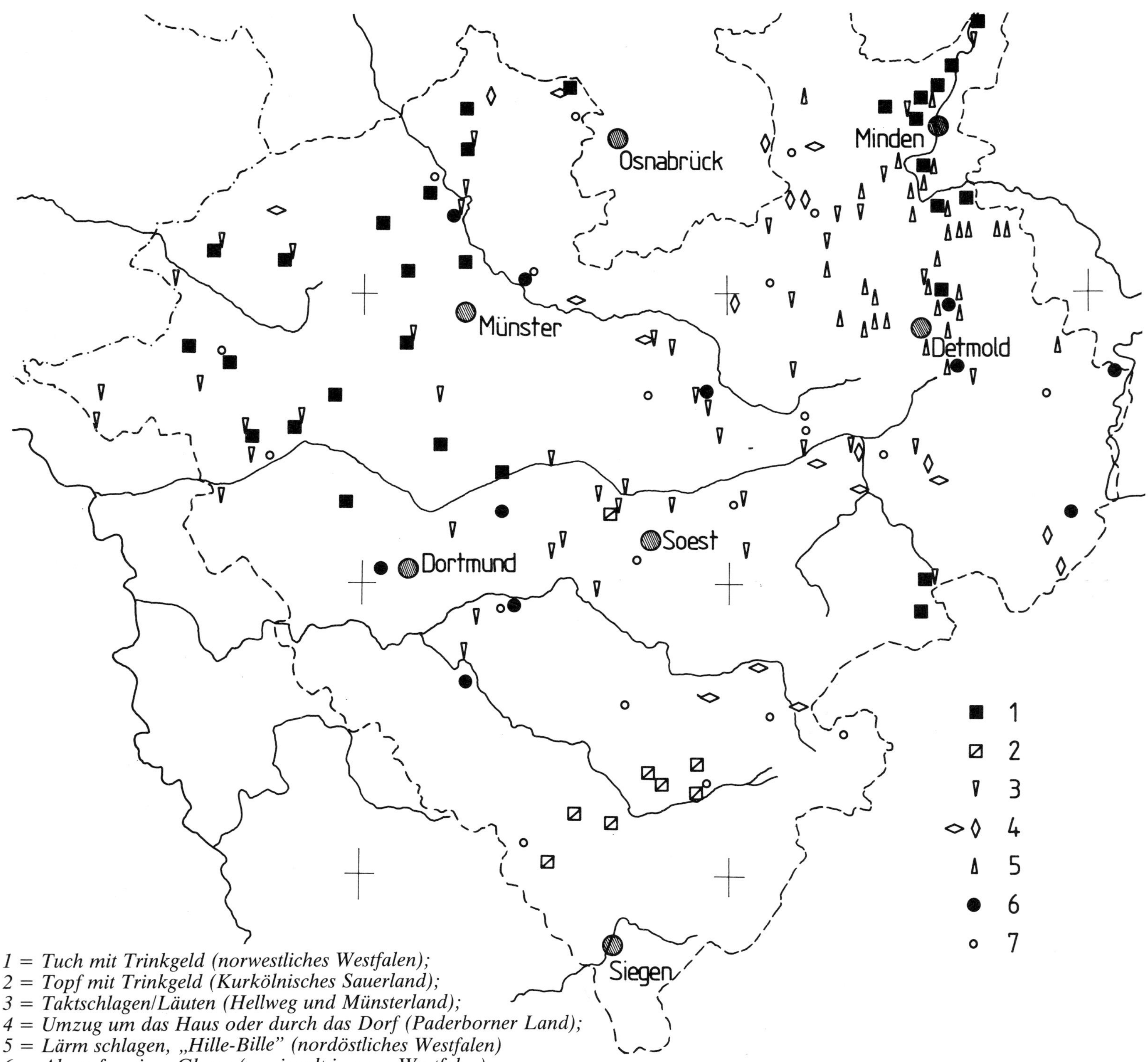

1 = Tuch mit Trinkgeld (norwestliches Westfalen);
2 = Topf mit Trinkgeld (Kurkölnisches Sauerland);
3 = Taktschlagen/Läuten (Hellweg und Münsterland);
4 = Umzug um das Haus oder durch das Dorf (Paderborner Land);
5 = Lärm schlagen, „Hille-Bille" (nordöstliches Westfalen)
6 = Abwerfen eines Glases (vereinzelt in ganz Westfalen);
7 = andere Bräuche (Bauherr schlägt ersten Nagel ein usw.)

sonstigen Getränken versorgt. Gleich beginnt bei heiterer Stimmung ein lustiges Treiben. Der älteste Zimmermann steigt auf den höchsten Dachbalken und bringt seinen Richtspruch dar. Von diesen Zimmersprüchen gibt es eine ganze Reihe, von denen hier zwei aufgezeichnet sind:

1. Zimmerspruch:
Gesegnet sei das neue Haus und die gehen ein und aus, den Bauherrn, seine Lieben mög' nie ein Leid betrüben. Hoch! (trinkt)
Und allen, die hier unten stehn, wünsch' ich viel Glück und Wohlergehen. Hoch! (trinkt)
Der letzte Schluck, er gilt der Ehre des Handwerks, dem ich angehöre. Hoch! (trinkt)
Du Glas, zersplittere im Grund! (wirft das leere Glas entzwei) geweiht sei dieses Haus zur Stund'.

2. Zimmerspruch:
Vollendet stehet dieser Bau, drum sei nun Gott gepriesen für alle Güte, die er uns hat gnädiglich erwiesen.
Es mög' das Haus, das wir erbaut, in seiner Obhut stehen! Dem Bauherrn aber blühe drin viel Glück und Wohlergehen!
Und vor des Wassers Ungetüm, vor Sturm und Wetterblitzen, vor Not und jeglicher Gefahr, mög' es der Herr beschützen!
Von glücklicher Bedeutung sei der Tag der Weihe allen. Zum Zeichen lasse ich ein kräftig Hoch erschallen.

Abb. 55) Wenn der Bauherr den Maurern zu „kniepig“ erscheint, befestigen sie zum Spott einen Besen, eine Bierflasche und eine Heringsgräte (hier eine leere Heringsdose) an seinem Haus, so wie bei diesem Neubau in Laer, Kr. Steinfurt. (1959)

Die Zimmersprüche enthalten alle Gedanken zum guten Gelingen des Baues, Dank an Gott, den Bauherrn, den Architekten, den Baumeister und die Handwerker. Frohsinn und Stolz sind mit Witz und Humor gepaart. Kurze Reden des Bauherrn, des Architekten oder Baumeisters wechseln ab mit lustigen Liedern, die oft von einer Ziehharmonika begleitet werden. Zwei bis vier Zimmerleute sitzen sich gegenüber und führen den Zimmermannsklatsch auf, indem sie sich dabei auf die Schenkel, Hüften und Hände klatschen und dabei singen: Es wohnte ein Krauter in Frankfurt am Main, der hielt sich Gesellen zu zwei'n und zu drei'n. – Maurer und Zimmerleute ziehen sich gegenseitig auf. Die Maurer bezweifeln, daß die Balken gerade liegen. Die Zimmerleute entgegnen wie folgt: Eine Fuhre Sand, ein Sack Zement, wer diese Mischung noch nicht kennt, und hält nicht der Verband, so liegts am Sand. Der „Streit“ endet aber schiedlich und friedlich unentschieden. Inzwischen haben die Teilnehmer des Richtfestes Appetit bekommen und es werden auf Papptellern Würstchen mit Kartoffelsalat gereicht. Dazu werden belegte Brötchen angeboten. So verläuft die Feier bei Schmaus und Trunk in angeregter Stimmung. Nach den Klängen der Harmonika wird sogar ein Tänzchen gewagt. Ab und zu zersplittert ein Gläschen aus unsicherer Hand auf dem harten Steinboden, aber Scherben bringen Glück. Erst die Nachtkühle und der Wind, der durch die noch leeren Fensterhöhlen streicht, gebieten der Feier ein Ende. Ein Gast nach dem andern verläßt den Neubau in dem Bewußtsein, einen schönen Abend verlebt zu haben. Die Bäumchen aber wiegen sich noch lange im Winde, bis ihnen die Dachdecker ein Ende bereiten.“[42]

Statt der Richtbäumchen kannte man in verschiedenen Landschaften Westfalens auch den kunstvoll gewundenen Richtkranz oder die Richtkrone. Hierzu berichtet ein Bauernsohn aus Spexard im Wiedenbrücker Land für die Zeit um 1900:

„Als 1909 der Besitzer des Hofes Lütkemeier, zu welchem unser Hof erster und Feldhaus zweiter Nachbar war, Richtfest feierte, hatten wir als erster Nachbar die Krone zu stellen, Feldhaus als zweiter den Kranz... Bei einem Neubau, der nach alter Weise Wohnung, Stallungen, Deele usw. in sich schließt, wird die Krone am First des Wohnraumes, der Kranz am anderen Ende, also über Deele und Stallungen angebracht. Als es in dem genannten Jahr mit dem Neubau des Nachbarn soweit war, ergingen die Einladungen zum Richtfest an alle Nachbarn des Bauherrn. Bei uns wurde dann die Krone an dem Sonntagnachmittag davor angefertigt, wobei andere Nachbarn halfen. „Wie müet kränsen“ (wir müssen Kränze anfertigen) hieß es dann. Am Spätnachmittag des Richtfestes erschienen dann mehrere starke Handwerker vom Neubau mit einer stabilen Leiter und einer „Pulle Schluck“ (Flasche Schnaps) – aus ihr wurde jedem Erwachsenen, den man antraf, „enn innguoten“ (einer eingegossen). Meine älteste Schwester als Stellvertreter meiner Mutter nahm die Krone, wurde mit ihr auf die Leiter genommen; von vier Männern auf der Leiter getragen wurden dann Mädchen und Krone zum zweiten Nachbarn – am Neubau vorbei! – gebracht, wo der Kranz wartete und wo dann, ebenfalls als Stellvertreter der Mutter, die Tochter den Kranz nahm und sich zu meiner Schwester auf die Leiter setzte. Nun ging es zum Neubau. Dort begann dann die Feier. Zuerst hielt der Bauherr seine Reden auf die Handwerker, auf den ersten Nachbarn und die anderen Nachbarn und ließ sie hochleben. Krone und Kranz waren unterdessen angebracht worden. Der Feierlichkeit wegen wurden die Reden auf „Hochdeutsch“ gehalten. Nach dem „offiziellen“ Teil war dann der „gemütliche“ mit Bier, Butterbroten, Schinken usw., und zwar war das auf der alten Deele. Im Anschluß an das Essen wurde dann getanzt. Zwischendurch fand sogar eine Polonaise – den Ausdruck dafür habe ich leider vergessen – statt. Auf der Tenne ging es dann recht lustig, aber nicht ungebührlich zu. An der Sitte Richtfest mit Krone und Kranz zu feiern hat sich seitdem, wie ich mehrfach noch miterlebt habe, nichts geändert, wenn auch der beschriebene feierliche Zug mit der Leiter nicht mehr stattfindet.“[43)]

Abb. 56) Geschnitzte Holzfigur des Hl. Michael über dem Einfahrtstor des Meyerhofes in Rüschendorf bei Damme, Kr. Vechta, aus dem 18. Jahrhundert. (Um 1960)

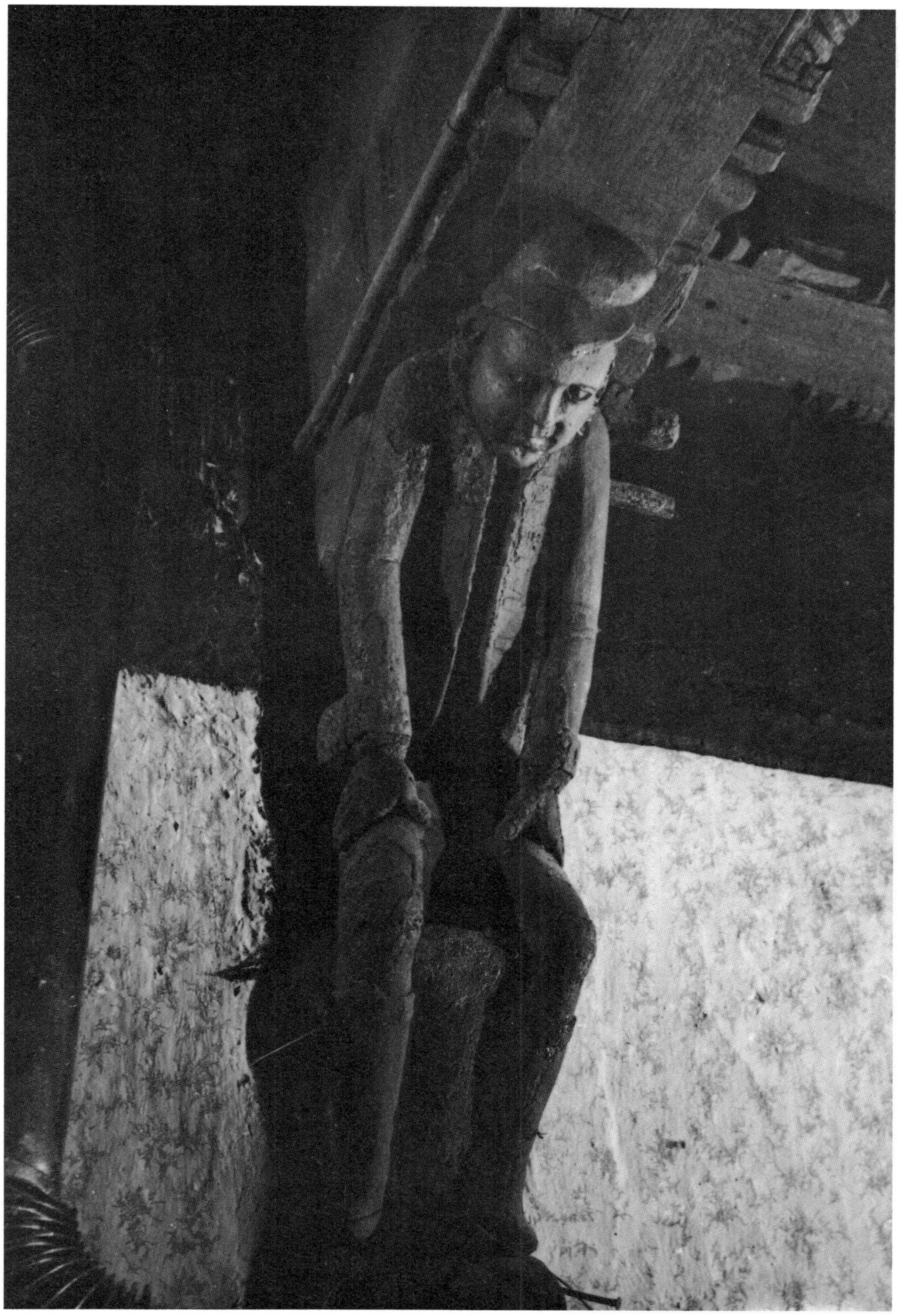

Abb. 57) Geschnitzte Figurenknagge im Flett des Meyerhofes in Rüschendorf, Kr. Vechta. (Um 1950)

Das Baugerüst und seine Grundformen

Der konstruktive Aufbau des Hauses war auch in früheren Jahrhunderten wohl weitgehend dem Zimmermann überlassen, den Bauherrn interessierten vor allem die Raumgliederung, die solide Verarbeitung und Haltbarkeit sowie das äußere Erscheinungsbild seines Hauses, in das er ja viel Aufwand investierte. Die Zimmerleute beherrschten eine Fülle von Details bei der Gerüstbildung, bei den Holzverbindungen und bei den Zierschnitzereinen, deren genauere Behandlung hier jeden Rahmen sprengen würde. Dennoch sollen die wichtigsten Gefügemerkmale der westfälischen Bauernhäuser hier zumindest kurz angesprochen werden.[44]

Unterschiede in der Gerüstbildung bestehen vor allem bei der Verbindung von senkrechtem Ständer, querverlaufendem Balken und längsgerichtetem Rähm, die im sogenannten Gefügeknoten aufeinandertreffen. Dieser Gefügeknoten konnte zeitlich und regional sehr unterschiedlich ausgeführt werden. In der Literatur wird hier traditionell auf zwei unterschiedliche Zimmerungsarten hingewiesen: a) Die Zimmerung mit durchgezapften Ankerbalken, bei der die verschmalerten Enden der Deckenbalken durch die Ständer durchgesteckt und von außen mit Keilchen verankert sind, sowie b) die Zimmerung mit aufgelegten Dachbalken, bei der die Balken oben auf die Ständer bzw. auf die Rähme gelegt sind. Beide Zimmerungsarten lassen sich an noch erhaltenen Fachwerkbauten im westfälischen Raum seit dem 14. Jahrhundert nachweisen. Allgemein waren die Ankerbalkengerüste vor allen in den westfälischen Regionen, die Dachbalken dagegen im Norden und Osten Westfalens verbreitet; die genauen Verhältnisse sind hier aber, besonders für die Frühzeit, noch ungeklärt. Später, nachweisbar seit dem 16. Jahrhundert, kam noch eine Mischform beider Konstruktionen hinzu, c) die Zimmerung mit eingehälsten Balken, bei der die Balkenenden von oben in die Ständerköpfe eingelassen sind.

Die verschiedenen Zimmerungsarten treten regelmäßig in Kombination mit bestimmten anderen Gefügemerkmalen auf. Dies wird besonders bei der Verstrebung der Fachwerkwände deutlich. So zeigen die Ankerbalken- und Einhälsungsgerüste fast immer lange, schmale Kopfstreben, während die Dachbalkengerüste im Wandgefüge mit breiten, relativ kurzen Kopfbändern ausgesteift sind. Diese Streben führten auch zu sehr unterschiedlichen Ausgestaltungen des Fachwerks. Bei den Kopfbandgefügen konnte man leicht mit eng gestelltem, holzreichem und teilweise beschnitzem Fachwerk repräsentieren, während die weitmaschigeren Strebengefüge eher zur Bildung von Strebefiguren, etwa von Andreaskreuzen, geeignet waren. So bestimmte die Zimmerungsart nicht nur den konstruktiven Aufbau des Hauses, sondern bis zu einem gewissen Grade auch seine dekorative Fachwerkgestaltung.[45]

Abb. 58-63) Unterschiedliche Gefügeknotenpunkte westfälischer Bauernhäuser, links vor dem Ineinanderfügen, rechts als fertig abgezimmertes Gefüge.

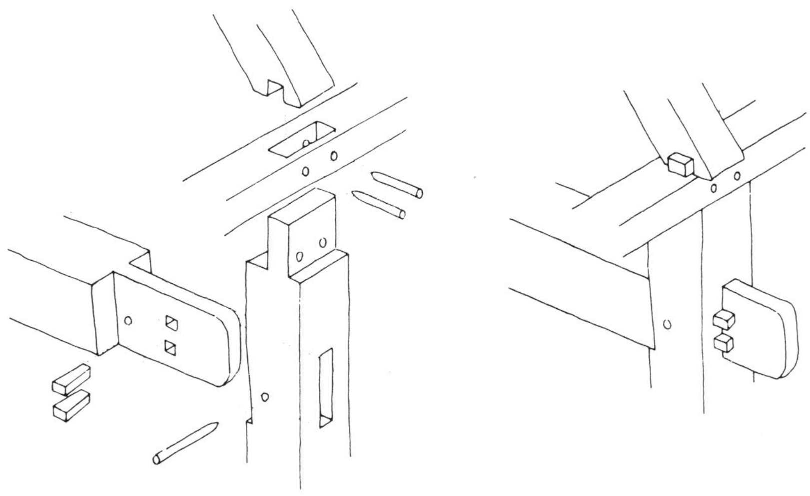

Abb. 58/59) Durchgezapfter Ankerbalken,

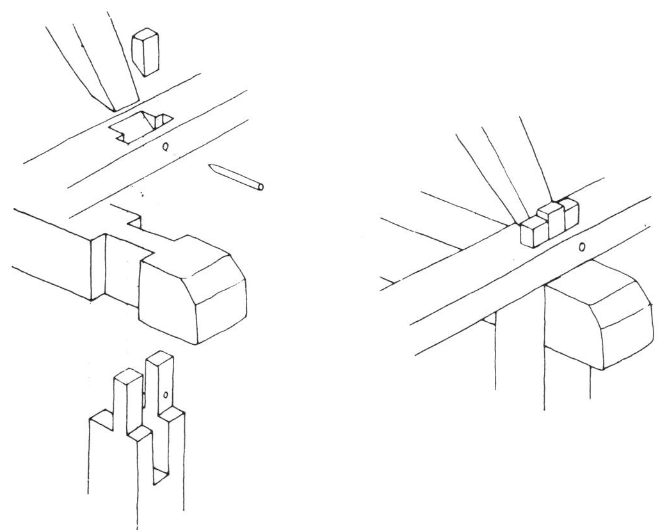

Abb. 60/61) Eingehälster Balken,

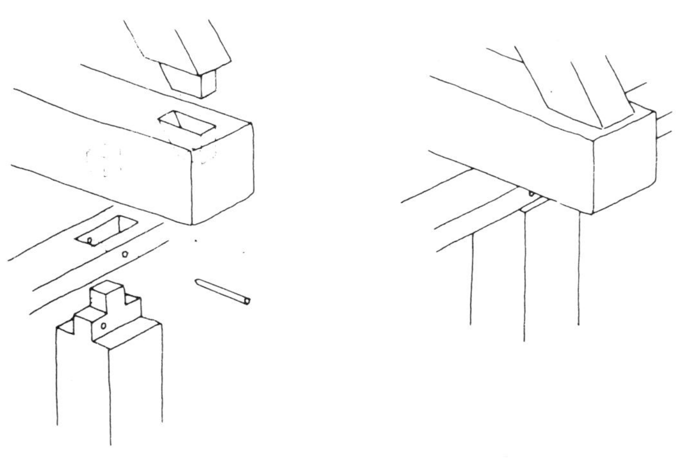

Abb. 62/63) Aufgelegter Dachbalken.

Das äußere Erscheinungsbild des westfälischen Bauernhauses ist im wesentlichen nicht durch üppiges Fachwerk, aufwendige Zierschnitzereien oder sonstigen Zierrat, sondern viel stärker durch seine ausgewogenen Proportionen, seine Konturen und hier besonders durch das Verhältnis von Außenwänden und Dachhaut zueinander bestimmt. Dies gilt nicht nur für die verschiedenen Dachformen wie Vollwalm-, Halbwalm- oder Steckwalmdächer, sondern auch für Satteldächer mit Steilgiebeln, wie sie im westfälischen Raum ganz überwiegen. Der Umriß des Hauses hängt aber im wesentlichen wieder von der inneren Konstruktion des Hauses, von seinem Gerüst, ab, wobei man drei Grundformen, den Zwei- den Drei- und den Vierständerbau unterscheidet.[46)]

Der Zweiständerbau besitzt ein tragendes Innengerüst aus zwei in Längsrichtung verlaufenden Ständerreihen zu beiden Seiten der Diele. Diese tragen das Dach über dem Mittelschiff des Hauses. Zu beiden Seiten des Mittelschiffes sind seitliche Anbauten, die sogenannten „Kübbungen“, angebracht, die im Wirtschaftsteil die Stallungen und im Wohnteil kleine Wohnräume enthalten. Die „Kübbungen“ besitzen nur niedrige Außenwände, ihre Dächer sind mit sogenannten „Auflangern“ an das tragende Dachwerk über dem Mittelschiff angelehnt. Die tragenden Ständerreihen des Hauses bleiben von außen unsichtbar, der Zweiständerbau besitzt also ein reines Innengerüst. Ein solcher Innengerüstbau mit niedrigen Außenwänden und tief herabreichendem Dach war sehr witterungsbeständig, holzsparend und somit für ein Bauernhaus sicher sehr praktisch, er erlaubte aber weder den zweigeschossigen Ausbau der Seitenschiffe, noch die Anbringung von dekorativem Fachwerk oder hohen Fenstern an den Traufseiten des Hauses. Zweiständerbauten waren im Mittelalter in Westfalen wohl allgemein verbreitet. In den letzten drei Jahrhunderten hielten sie sich vor allem im Drubbel- und Einzelhofgebiet im nordwestlichen Westfalen und dort besonders lange bei den unteren Sozialschichten.

Der Dreiständerbau zeigt an einer Seite der Diele eine niedrige „Kübbung“, an der anderen Seite dagegen ein hohes Seitenschiff, wobei die Deckenbalken über den inneren Ständerreihen sich hier bis zur hohen Außenwand hin fortsetzen. So erhält das Haus einen sehr charakteristischen asymmetrischen Querschnitt, der besonders an den beiden Giebelansichten des Hauses deutlich wird. Beim Dreiständerbau handelt es sich um eine Zwischenform von Innengerüst- und Wandständerbau, denn die eine der drei Ständerreihen verläuft in der hohen Außenwand, die somit eine tragende Funktion erhält. Die hohe Außenwand ermöglicht aber gleichzeitig den zweigeschossigen Ausbau zumindest eines Seitenschiffes, in dem man meist Kornböden oder Gesindekammern über den Stallungen einbaute. Im Wohnteil konnte man hier hohe Wohnräume mit großen Fenstern unterbringen. Besonders verbreitet war der Dreiständerbau in den niederschlagsreichen Gebieten im westlichen Westfalen, wo man die niedrige Abseite stets der Wetterseite, also dem Südwesten, zuordnete.

Beim Vierständerbau sind die beiden Innenständerreihen und die beiden Außenwände gleichhoch. Die Deckenbalken erstrecken sich hier über die volle Breite des Hauses. Die Ständer der Außenwände tragen die Dachkonstruktion, während die Innenständer lediglich die Deckenbalken unterstützen. Die Vierständerbauweise erlaubt nicht nur den zweigeschossigen Ausbau beider Seitenschiffe, sondern auch eine bessere Belichtung und Ausstattung des geräumigen Wohnteils. Außerdem führte die Verlängerung der Dachbalken bis zu den Außenwänden zu einer erheblichen Vergrößerung des Volumens im Dachraum. So war diese Bauform seit dem ausgehenden Mittelalter besonders in den Regionen mit überwiegendem Getreidebau, also im Südosten Westfalens und auch am Hellweg, absolut vorherrschend. Im Süden und Südosten siedelte man außerdem in eng bebauten Dörfern, in denen man mit den hohen Vierständerbauten sehr gut dem Vorbild des städtischen Hausbaus mit seinen geschlossenen Häuserzeilen aus hohen Wandständerbauten folgen konnte. Dieser starke städtische Einfluß gerade im Südosten darf keineswegs unterschätzt werden. Auch die stets mit tragenden Außenwänden errichteten Ernhäuser in den Dörfern des Siegerlandes stehen wohl sicher unter dem Einfluß des städtischen Fachwerkbaus im südlich angrenzenden Hessen. Wo sich der Vierständerbau im Gebiet der offenen Siedlungsweise verbreiten konnte, etwa am Hellweg oder im märkischen Sauerland, wurden die hohen Traufwände häufig mit dekorativem Fachwerk ausgestaltet.

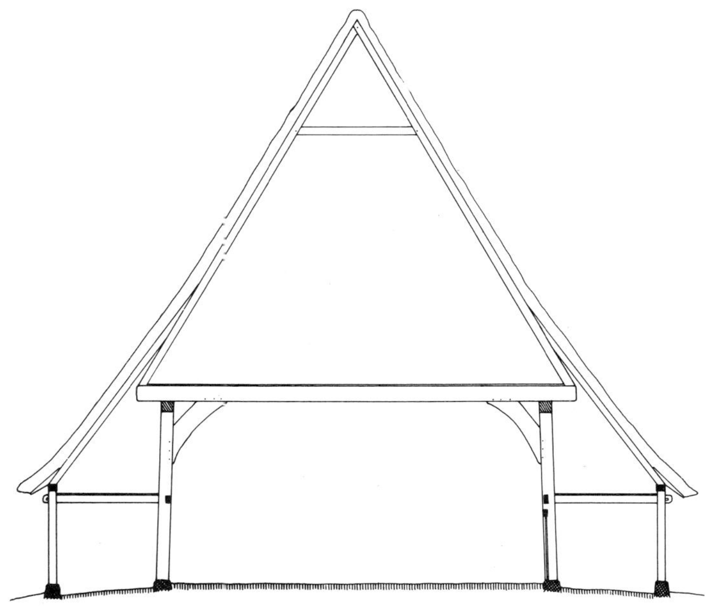

Abb. 64) Zwei-Ständer-Bau, Mettingen bei Tecklenburg, erbaut 1558.

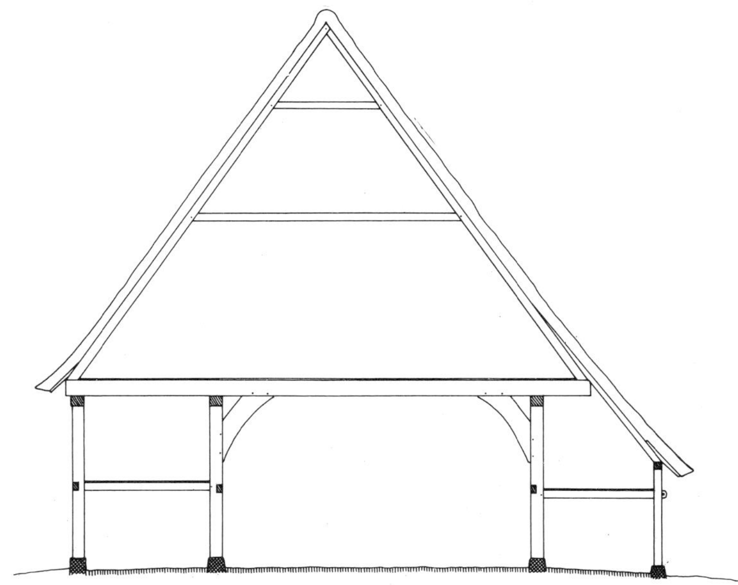

Abb. 65) Drei-Ständer-Bau, Tecklenburg, erbaut 1559.

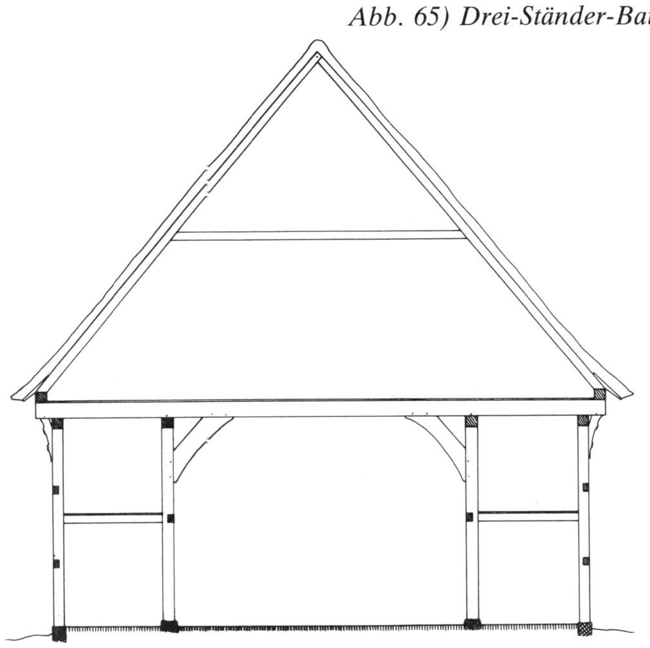

Abb. 66) Vier-Ständer-Bau, Tecklenburg, erbaut 1610.

In der hauskundlichen Literatur wird vielfach vermutet, der Zweiständerbau sei gleichsam die „Urform“ des niederdeutschen Hallenhauses, aus der sich später der Drei- und Vierständerbau und letztlich auch das städtische Bürgerhaus entwickelt hätten. Neuere Befunde scheinen dem aber eindeutig zu widersprechen. In den ältesten noch faßbaren städtischen Bestandsschichten des 15. Jahrhunderts ist das städtische Dielenhaus als mehrschiffiger Wandständerbau ohne Abseiten bereits voll ausgeprägt und es fehlen auch in den archäologischen Befunden schlüssige Anzeichen, die auf eine Herkunft dieser frühen Bürgerhäuser aus dem Zweiständer-Bauernhaus hindeuten könnten. Auch bei den einzelnen oberschichtlichen Fachwerkbauten, die noch in das 14. Jahrhundert zurückreichen, läßt sich keine Abhängigkeit von den spätmittelalterlichen Bauernhäusern feststellen.[47)]

Ein Zusammenhang zwischen Dachbalkenzimmerung und Vierständerbau, der in der Literatur vielfach vermutet wird, läßt sich so klar ebenfalls nicht nachweisen. Bäuerliche Drei- und Vierständerbauten finden sie nämlich spätenstens seit dem 17. Jahrhundert auch im Gebiet der Ankerbalkenzimmerung, etwa am westlichen Hellweg oder im Westmünsterland, und es ist keineswegs auszuschließen, daß sie hier eigenständig aus älteren städtischen Vorbildern entwickelt wurden. So bietet die Gefügegeschichte des westfälischen Fachwerkhauses zur Zeit wieder einmal mehr offene Fragen als schlüssige Antworten.

Abb. 67) Konstruktionsweisen westfälischer Bauernhäuser, dargestellt an Beispielen aus dem Münsterland. Obere Reihe: durchgezapfte Ankerbalken; mittlere Reihe: eingehälste Balken; untere Reihe: aufgelegte Dachbalken. Linke Spalte: Zweiständer; mittlere Spalte: Dreiständer; rechte Spalte: Vierständer.
1 = Südlohn, Kötterhaus Schlüter, 1749; 2 = Ahaus, Kötterhaus Boom, 1734; 3 = Ahaus, Bauernhaus Laink-Vissing, 1698; 4 = Rhede, Kötterhaus, 1747; 5 = Osterwick, Pachthof Bruns, um 1770; 6 = Münster, Bauernhaus Schulze Osterhoff, 1793; 7 = Coesfeld, Kötterhaus Emmerick, um 1750; 8 = Osterwick, Bauernhaus Averkamp, um 1650; 9 = Ascheberg, Bauernhaus Schulze Steinhorst, 1575.

Das mittelalterliche Bauernhaus in Westfalen

Über das äußere Erscheinungsbild, den konstruktiven Aufbau und die Innengliederung der mittelalterlichen Bauernhäuser Westfalens liegen bislang erst wenige sichere Erkenntnisse vor. Die Archäologie des Mittelalters kann trotz zahlreicher neuer Befunde zur Zeit erst ein sehr lückenhaftes Bild bieten und die große Masse der erhaltenen ländlichen Bauten stammt erst aus dem 17. und 18. Jahrhundert; ältere Bauten sind eher eine Seltenheit.[48)]

Bei den ältesten, noch bis in das 15. Jahrhundert zurückreichenden ländlichen Fachwerkgebäuden handelt es sich fast ausnahmslos um turmartige Speicherbauten mit einem allseitig vorkragenden Dachwerk, das die feuersichere Lehmummantelung der Außenwände vor Schlagregen schützen sollte. Als Lagergebäude für das wertvolle ausgedroschene Getreide wurden die mittelalterlichen Speicher besonders aufwendig verzimmert und blieben wohl deshalb auch besonders gut erhalten.

Die ältesten Speicher aus dem altwestfälischen Nordland sind der 1464 erbaute „Leems" auf dem Hof Scholten in Grasdorf/Emsland sowie der um 1500 errichtete Speicher des Meierhofes Helmsmüller in Donstorf/ Grafschaft Diepholz; beide sind inzwischen in die zentralen Freilichtmuseen in Detmold bzw. Cloppenburg überführt worden.[49)]
Im Münsterland gehören die Speicher von den Höfen Engering in Südlohn (1482), Woort-Menker in Gescher Büren (um 1480), Schulze Lohoff in Laer-Vohwinkel (1495) und Högemann in Glandorf (um 1490) ebenfalls noch in das ausgehende 15. Jahrhundert. Auch diese Gebäude waren teilweise mit einer Lehmummantelung versehen. So ergibt sich nach den neuesten Befunden ein geschlossenes Verbreitungsgebiet der bäuerlichen Lehmspeicher vom Niederrhein über das nordwestliche Westfalen bis nach Niedersachsen.[50)]

Abb. 68-71) Eines der ältesten erhaltenen Bauernhäuser Westfalens ist das Haus Ahlers aus Klein-Haddorf bei Wettringen, Kr. Steinfurt. Das Haus wurde um 1520 errichtet und ist hier im Zustand nach dem ersten Umbau von etwa 1580 dargestellt:

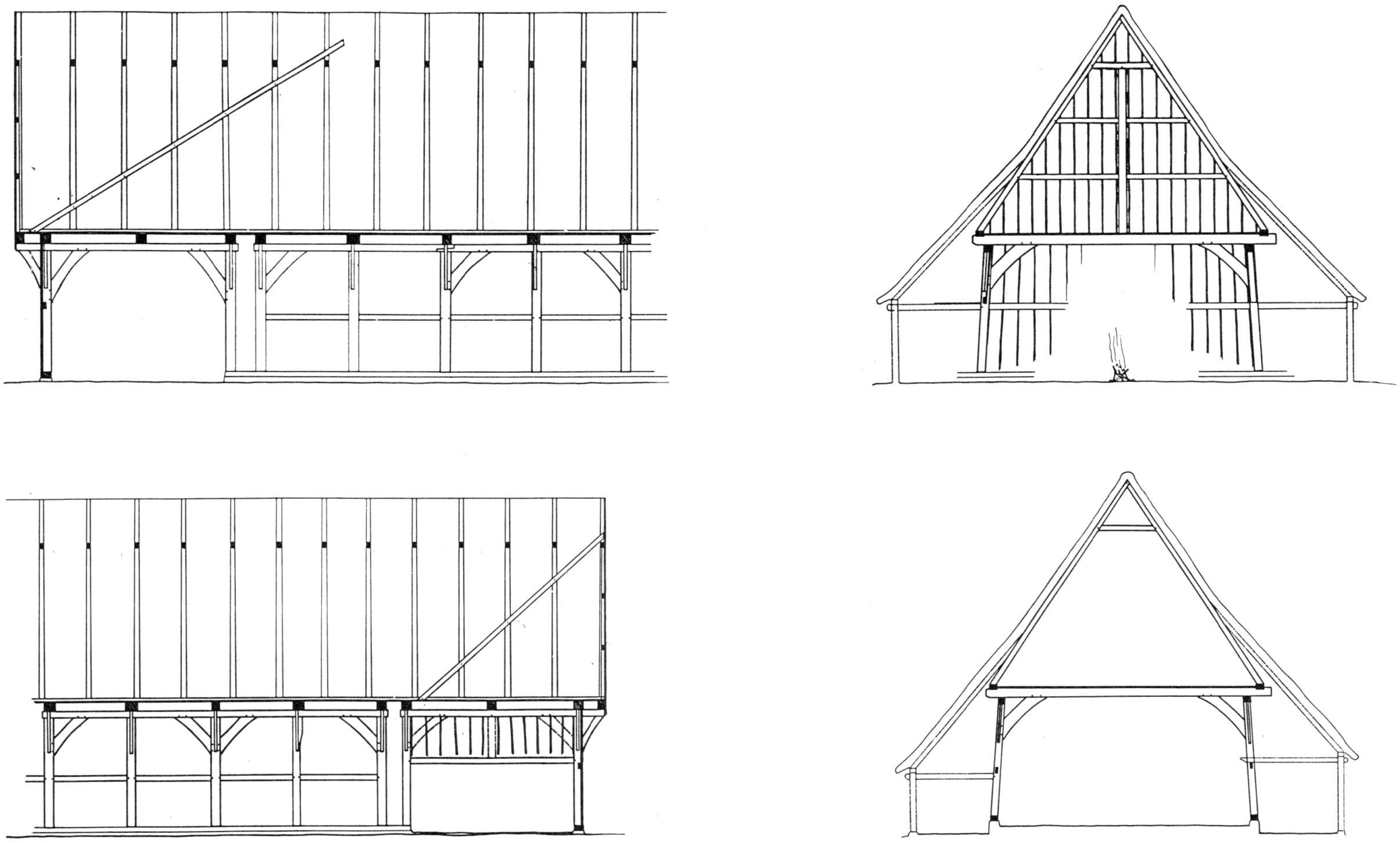

Längsschnitte mit Blick auf die hohe und die niedrige „Lucht" im Wohnteil.

Querschnitt im Wohn- und Stallteil, die ursprüngliche Wanderverkleidung mit eingespundeten Holzbohlen ist nach Befund rekonstruiert.

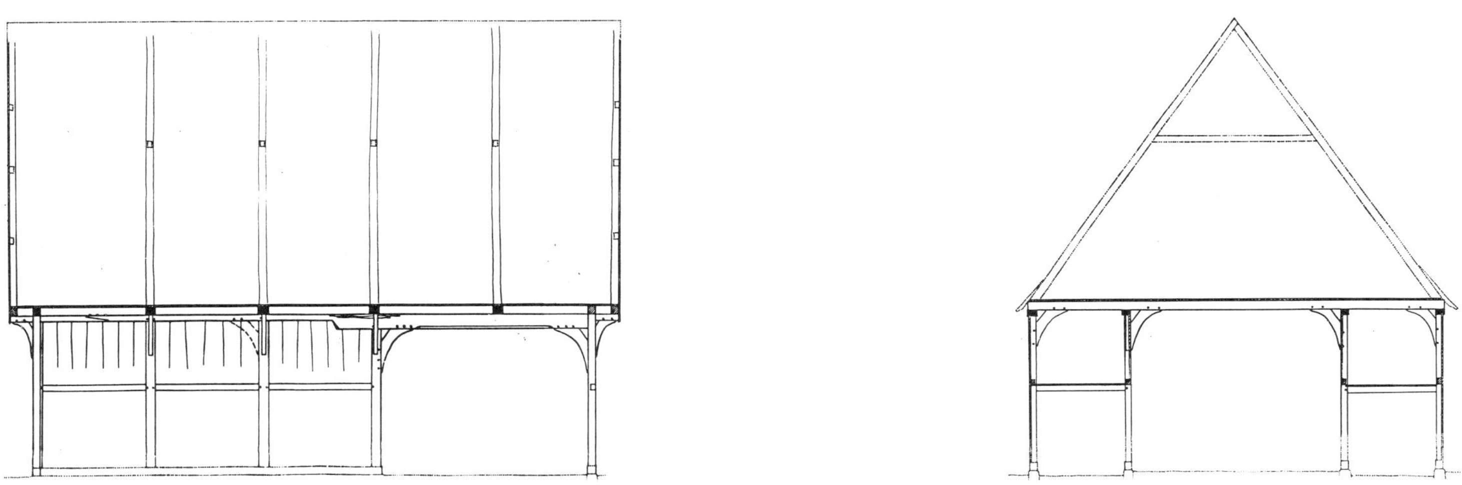

Abb. 72 u. 73) Längsschnitt und Querschnitt des Bauernhauses Beermann in Westkirchen, Kr. Warendorf. Es wurde um 1525 als Vier-Ständer-Bau errichtet, seine ursprüngliche Wandverkleidung bestand ebenfalls aus Holzbohlen.

Auch in den anderen Regionen Westfalens gehören die sorgfältig verzimmerten Speicher stets zu den ältesten erhaltenen Hofgebäuden, reichen dort aber meist nur ins 16. Jahrhundert zurück. Erst in allerjüngster Zeit wurde eine ganze Reihe von Bauernhäusern aus der Zeit kurz nach 1500 ermittelt, die der Hausforschung bislang noch verborgen geblieben waren, etwa das Kötterhaus Frericks in Gronau/Krs. Borken (1509),[51] das Heuerlingshaus Bloemink in Gersten/Emsland (1519),[52] das Bauernhaus Ahlers in Wettringen/Krs. Steinfurt (1512)[53] oder das Haupthaus vom Hof Beermann in Westkirchen/Krs. Warendorf (1525).[54] Diese neuen Befunde haben die Kenntnisse über den mittelalterlichen Hausbau Westfalens stark erweitert, denn alle diese ältesten bekannten Gebäude zeigen bereits die später für große Teile Westfalens charakteristische Konstruktion mit aufgelegten Dachbalken, das Haus Beermann war sogar bereits als Vier-

Abb. 74) Bauernhaus Ahlers in der Bauernschaft Haddorf bei Wettringen, Kr. Steinfurt. Der mittelalterliche Kernbau wurde schon 1578 und dann noch einmal im 18. Jahrhundert erweitert. So war die baugeschichtliche Bedeutung von außen nicht mehr ohne weiteres erkennbar. (Um 1930)

ständerbau ausgebildet. Beide Bauformen, Dachbalkenzimmerung und Vierständerbau, hatte man bislang für eine spätmittelalterliche Neuerung aus dem südöstlichen Westfalen gehalten.[55)]

Bei allen genannten Gebäuden war der Wirtschaftsteil dreischiffig in eine mittlere Diele mit seitlichen Stallungen gegliedert. Hieran schloß sich ohne eine Trennwand der Wohnteil des Hauses an, der nur aus einer großen Küche mit einer offenen Feuerstelle ohne Rauchabzug bestand. Der über den Dachboden abziehende Rauch konservierte das auf dem Balken lagernde Getreide, machte aber den Wohnteil des Hauses rußig, rauchig und wohl auch sehr dunkel. Eine wohnliche Zohne bildeten nur die sogenannten „Luchten" im Seitenschiff des Wohnteils, die von der Traufseite aus belichtet wurden. Hier stand vermutlich der Eßtisch als Versammlungsort der bäuerlichen Familie. An der der Lucht gegenüberliegenden Seite des Wohnteils befanden sich nur kleine Kammern, in denen wohl auch geschlafen wurde. Ein an den Wohnteil angebautes „Kammerfach" mit Wohnräumen im modernen Sinne, wie wir es von den späteren Bauernhäusern kennen, war bei den bislang bekannten mittelalterlichen Bauten noch nicht vorhanden. Am erstaunlichsten aber war das Baumaterial dieser ältesten Bauernhäuser Westfalens. Ihre Außenwände bestanden nämlich nicht aus Lehmflechtwerk oder Backstein, wie man dies von den späteren Bauernhäusern kennt, sondern aus einer Verbretterung mit eingespundeten Holzbohlen. Diese Bautechnik ließ sich auch bei einem der ältesten Fachwerkbauten Nordwestdeutschlands, der Johanniterkommende in Steinfurt von 1398, noch eindeutig nachweisen und war im Mittelalter im westfälischen Raum offenbar weit verbreitet.[56)] Bei Wohnbauten lief diese Bautechnik schon im 16. Jahrhundert aus, bei Nebengebäuden, etwa Schafställen oder den sogenannten „Musepielerschoppen“ im Münsterland, konnte sie sich noch bis in die jüngste Vergangenheit halten.[57)]

„Ihre Betten, wenn sie überhaupt welche haben, sind harte Lagerstätten aus Stroh und Heu . . .“

Die Lebensverhältnisse in den mittelalterlichen Bauernhäusern kann man sich wohl kaum primitiv genug vorstellen. Der älteste westfälische „Volkskundler“, der aus Laer im Kreis Steinfurt stammende Karthäusermönch und Historiker Werner Rolevinck (1425-1502), beschreibt das Leben in den Bauernhäusern seiner Heimat folgendermaßen:

„In einer armseligen Hütte auf dem Lande steht ihre Wiege. Als kleine Kinder müssen sie schon das Vieh hüten. Mit bloßen Füßen trippeln sie über die harten Schollen. Ihre Kleidung besteht aus rauhem Hanfgewebe. Mit grobem Brot und Gerstengrütze stillen sie ihren Hunger. Und wie sieht es mit ihrem Hausrat aus? Ihre Betten, wenn sie überhaupt welche haben, sind harte Lagerstätten aus Stroh und Heu. Aus grober Leinwand und rauhen Lumpen machen sie sich ihre Kleider. Ihre Kücheneinrichtung besteht aus: Wasserkessel, Kochtopf, Schüssel, Löffel, Trinkbecher, Napf, Faß, Korb, Spind, Kiste und ähnlichen Dingen. Manchmal haben sie von diesen Gegenständen nur je einen, mitunter auch mehrere, doch werden die zu allen möglichen Zwecken verwendet. Um Wasser zu holen, Füße zu waschen, Essen zu bereiten, gebraucht man denselben Eimer. Die Todesstrafe steht beinahe darauf, wollte jemand von diesem alten Herkommen abweichen. In solchen häuslichen Verhältnissen wachsen die Kinder auf, die später in die Fremde gehen. Nach fünf weiteren Jahren sind sie imstande, schwerere Arbeiten zu verrichten. Dann kommt ihnen das Viehhüten ihrer Kinderzeit als Müßiggang vor, und sie ziehen mit dem Pflug auf den Acker, fahren Erntewagen und Kutschen, helfen beim Dreschen und Düngen; kurz, packen überall tüchtig dort mit an, wozu eigentlich Männerkräfte gehören.[58)]

Abb. 75) Bauer vor dem Tor seiner einfachen Kate in Groß-Berßen auf dem Hümmling, Kr. Meppen. (Um 1930)

Abb. 76) Erdhütte als Unterkunft für Mensch und Vieh bei einer Neudsiedlerstelle auf dem Hümmling. (Um 1910)

Abb. 77) Bauernhaus aus der zweiten Hälfte des 16. Jahrhunderts in Asmissen, Kr. Lippe. (1937)

Der Fachwerkbau seit der Mitte des 16. Jahrhunderts

Insgesamt ist über das Leben im mittelalterlichen Bauernhaus Nordwestdeutschlands bislang noch wenig bekannt. Erst seit der Mitte des 16. Jahrhunderts lassen sich in ganz Westfalen ländliche Fachwerkbauten in größerer Zahl nachweisen.[59] Viele dieser Bauten erlauben noch genauere Kenntnisse über die innere Raumgliederung und das äußere Erscheinungsbild ihres ursprünglichen Zustandes, der in jedem Fall durch zahlreiche Umbauten der folgenden Jahrhunderte überformt wurde. Häufig sind diese Bauten auch bereits mit einer inschriftlichen Datierung versehen, die sich zumeist auf dem Torbalken befindet. Seit der zweiten Hälfte des 16. Jahrhunderts läßt sich die Entwicklung des ländlichen Bauens und Wohnens im westfälischen Raum praktisch lückenlos bis heute verfolgen.

Am dichtesten ist der erhaltene ländliche Baubestand des 16. Jahrhunderts im ostwestfälischen Raum zwischen Bielefeld und Minden, insbe-

sondere im Bereich des ehemaligen Fürstentums Lippe. Zumeist handelt es sich bei diesen Häusern um kleine, kammerfachlose Zwei- und Dreiständerbauten, während Vierständerbauten dort vor allem im späten 16. Jahrhundert auf den großen Meierhöfen errichtet wurden. Diese verfügten dann häufig auch schon über ein Kammerfach am Wohnende des Hauses, so etwa der Meierhof Dörentrup bei Lemgo (1586). Kleinbauern- und Heuerlingshäuser wurden dagegen bis in 18. Jahrhundert weiterhin als kammerfachlose Flettdeelenhäuser errichtet.

Die wohl prächtigsten ländlichen Fachwerkhäuser dieser Zeit entstanden auf den großen Bauernhöfen des Paderborner Landes. Ihre reich dekorierten Einfahrtstore und Giebelvorkragungen, teilweise mit beschnitzten Brüstungsbohlen, lassen deutlich das Vorbild der reich verzierten städtischen Fachwerkhäuser im Oberweserraum erkennen. Hierzu gehören etwa die Haupthäuser vom Hof Groth-Meiners in Bödexen bei Höxter (1579) und vom Valepagenhof in Delbrück (1577), beides große Vierständerbauten, aber auch die Speicher von Schulte Alpmann in Scharmede (1589) und das sogenannte „Vogtshaus", ein Speicher in Atteln im Kreis Paderborn (1588).

Nur relativ wenige Bauten des 16. Jahrhunderts sind bisher aus dem Sauerland bekannt. Für den östlichen Teil, das kurkölnische Gebiet, wären hier etwa die Vierständer-Haupthäuser vom Hof Schmidt in Brilon-Rösenbeck (1582) und vom Schulzenhof in Brilon-Gierskopf (1582, 1827 erneuert) sowie die Speicher auf den Höfen Lange-Körling in Olsberg-Assinghausen (1556) und Eibel in Arnsberg-Bachum zu nennen. Eine eindrucksvolle Hofanlage des 16. Jahrhunderts im Märkischen Sauerland mit Haupthaus, Speicher und Haferkasten war noch bis Anfang dieses Jahrhunderts auf dem Hof Großen Siepen in Herzkamp bei Sprockhövel erhalten. Ebenfalls noch aus dieser Zeit stammen die Speicher von den Höfen Maiwormshammer in Attendorn-Listernohl (1577) und Wolf in Wiblingwerde (1597) sowie das Bauernhaus Schenk in Dahl (1586) und das sogenannte Schultenhaus in Herscheid, beides Fachwerkhäuser mit einem aus Bruchstein gemauerten Wandkasten. In dieser waldreichen Region waren die Fachwerkgerüste aus mächtigen Hölzern gezimmert. Sie besaßen vorkragende Giebel, die häufig weit abgewalmt waren. Einzelne Steilgiebel wurden mit repräsentativem Strebefachwerk ausgestaltet. Auch die ältesten, noch schreinermäßig ganz aus Holz gezimmerten „Kornkästen" im Märkischen Sauerland reichen bis in das 16. Jahrhundert zurück. Sie stehen ganz in der Tradition der im Mittelalter noch weit verbreiteten Stabbauweise, die bei manchen Nebengebäuden bis in die Neuzeit wirksam blieb.

Am Hellweg sind kaum Bauernhäuser der Zeit vor 1600 erhalten geblieben; einer der ältesten Bauten, das Haupthaus vom Hof Tiggesmeier in Lippstadt-Niederdedinghausen, wurde schon 1934 ohne vorherige Dokumentation abgebrochen. Auch am westlichen Hellweg und im Westmünsterland sind bislang so gut wie keine ländlichen Fachwerkbauten aus dem 16. Jahrhundert bekannt geworden.

Abb. 78) Ansicht des Hofes Großen Siepen in Herzkamp, Kr. Ennepe-Ruhr, einer der ältesten Höfe des Märkischen Sauerlandes. Rechts am Teich der Speicher von etwa 1575 mit angebautem Backofen. In der Mitte das Haupthaus des 16. Jahrhunderts mit dem später erweiterten und verschieferten Wohnteil. Links ein jüngerer Schuppen, dahinter (verdeckt) ein Haferkasten von 1597. (Um 1905)

Abb. 79) Vierständerhaus aus der zweiten Hälfte des 16. Jahrhunderts auf dem Gut Niedertalle in Talle, Kr. Lippe. (1936)

Besser sieht die Befundlage für das Kernmünsterland aus, wo in den letzten Jahren eine Anzahl von Haupt- und Nebengebäuden aus der Zeit vor 1600 näher untersucht werden konnten. Sie stehen vor allem auf den großen Schulzenhöfen, während unterschichtliche Bauten bisher noch weit unterrepräsentiert sind. Große Vierständer-Haupthäuser des 16. Jahrhunderts sind z.B. erhalten bei Schulze Lohoff (1574) und Schulze Welling (1599) in Laer, Schulze Steinhorst in Ascheberg (1575), auf dem Hof Krumme in Wellbergen (1598) oder dem Gräftenhof Stüwing in Wilmsberg bei Borghorst. Regelmäßig zeigen sie neben der Flettküche mit dem riesigen Rauchfang über der offenen Herdstelle auch einen kaminbeheizten, unterkellerten Saal im Kammerfach. Besonders die repräsentativ gestalteten Speicher und Torhäuser auf den Gräftenhöfen zeigen noch heute den hohen Stand großbäuerlicher Baukultur im 16. Jahrhundert, so etwa die Torhäuser von Schulze Aldrup bei Greven (1547) oder Schulze Dernebockholt bei Albersloh (1568). Speicherbauten aus dieser Zeit findet man im Münsterland noch auf den Schulzenhöfen Meckmann in Mecklenbeck bei Münster (1549), Brüning in Everswinkel-Wieningen (1561, jetzt Freilichtmuseum Detmold), Tilling in Nottuln-Stevern (um 1570) und Linnenbrink in Beckum-Werse (1592). An sonstigen Nebengebäuden sind z.B. der Schafstall von Dernebockholt (1559), die Scheune vom Pfarrhof in Ascheberg oder der Wagenschuppen vom Gräftenhof Meinigmann in Steinfurt-Hollich zu nennen. Auch in Fachwerkbauweise errichtete Wassermühlen des 16. Jahrhunderts sind im Münsterland mehrfach erhalten, sie gehörten aber allesamt zu größeren Adelsgütern und nicht zu Bauernhöfen.

Aus dem nördlich anschließenden Tecklenburger und Osnabrücker Land ist von den frühen Fachwerkbauten an erster Stelle das Bauernhaus Pinke-Meier in Mettingen, ein Zweiständerbau von 1558, zu nennen. Vom gleichen Zimmermann stammt wohl auch das 1559 errichtete Dreiständer-Bauernhaus in Tecklenburg, Ibbenbürener Straße 35; beide Häuser besaßen noch ein Vollwalmdach. Die ältesten bekannten Bau-

Abb. 80) Torbogen an einem Bauernhaus von 1593 in Alverdissen, Kr. Lippe. Die Inschrift lautet: Der Herr beware dine Eingang und Ausgang van nu an in Ewiggeit. Also hat Got de Welt gelevet, dat he sinen enigen Sone gaf, up dat alle de an en geloven nicht vorlaren werden, sunder dat ewige Levent hebben. Anno 1593 Christofer u. Alheit u. Offen Corbach 93.

ernhäuser im Raum Osnabrück sind das Haupthaus vom Meier zu Menslage (um 1570), ein Zweiständerbau mit Flettdeelengrundriß und weit vorkragendem Steckwalm am Kammerfach, sowie die Leibzucht des Hofes Ostmeier, ein aus mächtigen Bauhölzern errichteter Zweiständer mit geschweiften Kopfbändern im Wandgefüge.[60)]

Nur wenige ländliche Bauten aus der Zeit vor 1600 sind bisher im nordwestlichen Niedersachsen ermittelt worden, obwohl hier ein umfangreicher Baubestand erhalten ist. Lehmummantelte Speicher, wie sie dort seit dem 15. Jahrhundert erhalten sind, wurden auch in der Zeit um 1600 noch neu gebaut, etwa 1584 auf dem Hof Reinecke-Linderkamp in Bockholt bei Diepholz.[61)] Selten sind Haupthäuser aus dieser Zeit, wie sie etwa auf den Höfen Woltermann in Badbergern-Grönloh (1584), Wermann in Dinklage-Bünne, Schlarmann in Holdorf bei Vechta, Strohtmann in Werlte auf dem Hümmling oder auf einem Hof in Lohne bei Wietmarschen festgestellt werden konnten. Im gesamten Gebiet war im 16. Jahrhundert der Dachbalken-Zweiständerbau mit Flettdeelengrundriß und angebautem Kammerfach üblich, nur auf dem Hümmling kannte man auch die Konstruktion mit aufgekämmten Ankerbalken.[62)]
Auffällig erscheint die Tatsache, daß neben den Haupthäusern in fast allen Regionen auch Speichergebäude aus der Zeit vor 1600 erhalten sind, während andere Nebengebäude im überlieferten Baubestand weitgehend fehlen. Die Speicher wurden wegen ihrer speziellen Funktion als Lagerraum für das wertvolle ausgedroschene Getreide wohl besonders aufwendig verzimmert und blieben deshalb besser erhalten als andere Bauten, etwa Scheunen, Schuppen oder Backhäuser, die nach den archivalischen Quellen dieser Zeit auf jedem größeren Hof vorhanden gewesen sein müssen. Es sind jedoch nicht nur bestimmte Bautypen im Bestand überrepräsentiert, sondern vor allem auch die gehobenen Sozialschichten. Fast alle erhaltenen ländlichen Gebäude des 16. Jahrhunderts stammen von großen Bauern-, Schulzen- und Meierhöfen, während die Behausungen der unteren Sozialschichten, etwa der Kötter und Landarbeiter, kaum überliefert sind. Es darf wohl vermutet werden, daß sie viel weniger qualitätvoll und dauerhaft ausgeführt waren und daher viel eher durch Neubauten ersetzt werden mußten. So vermittelt der erhaltene Baubestand sicherlich ein nur unvollständiges Bild des ländlichen Bauens und Wohnens im 16. Jahrhundert.

Kennzeichnend für den überlieferten Baubestand der Zeit vor dem 30jährigen Krieg ist vor allem die solide Verarbeitung der Bauten. Dies zeigt sich nicht nur an den zumeist sehr stark dimensionierten Bauhölzern, die damals noch in ausreichender Menge zur Verfügung standen, sondern vor allem auch an der gediegenen handwerklichen Verarbeitung durch die Zimmerleute, wie sie in späterer Zeit kaum wieder erreicht wurde. Der hohe zimmermannstechnische Stand zeigt sich nicht zuletzt auch in der guten Proportionierung der Fachwerkbauten, die offenbar nach besonderen Gesetzmäßigkeiten mit dem Zirkelschlag entworfen wurden.[63] Sie verleihen den Bauten des 16. Jahrhunderts ihre charakteristischen Konturen und prägen damit sehr stark das äußere Erscheinungsbild, während Zierschnitzereien oder sonstiger Zierrat in den meisten Regionen noch von untergeordneter Bedeutung waren. Letztere entwickelten sich vor allem im 17. und 18. Jahrhundert. Die sich dabei für Westfalen herausbildende Aufgliederung in zahlreiche kleinräumige Hauslandschaften kündigte sich allerdings bereits in der zweiten Hälfte des 16. Jahrhunderts durch regional unterschiedliche Baugefüge und die unterschiedliche ornamentale Behandlung der Bauernhäuser an. Sie war damals aber längst noch nicht so kleinräumig ausgeprägt wie später, es lassen sich bestenfalls Großräume wie das Süderbergland, der ostwestfälische Raum oder der Nordwesten unterscheiden. Der große Durchbruch der regionalen Baustile erfolgt dagegen erst im 17. und 18. Jahrhundert.

Abb. 81) Ungebauter Drei-Ständer-Bau von 1583 mit vorkragendem, verbrettertem Steilgiebel in Kleinenmarpe bei Blomberg, Kr. Lippe. Das Einfahrtstor wurde im 19. Jahrh. zu einer Haustür verkleinert, links und rechts jüngere Anbauten. (Um 1900)

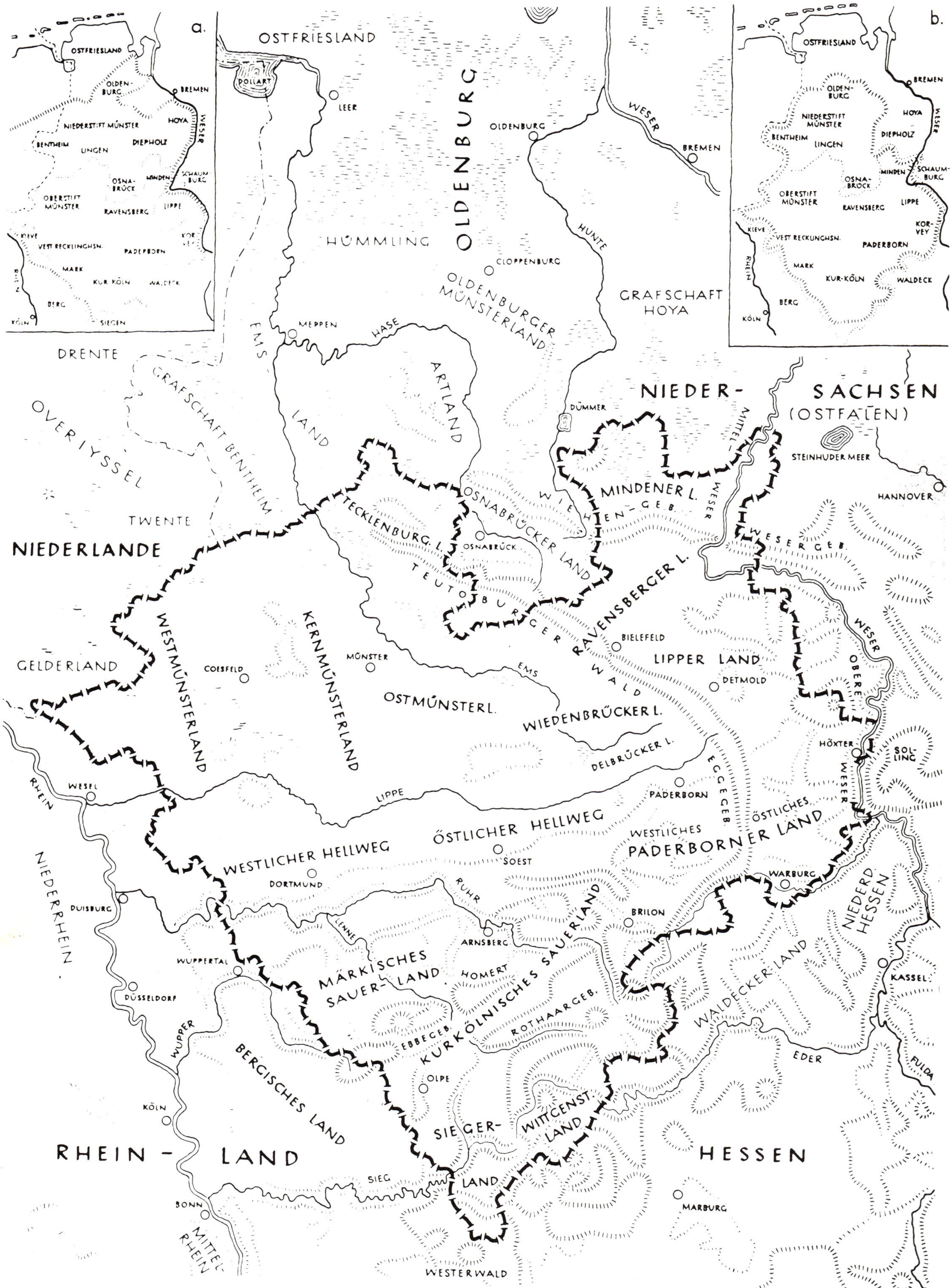

Abb. 82) Die Hauslandschaften Westfalens nach den Besonderheiten ihrer Ausdrucksformen (nach Josef Schepers, aus: Haus und Hof westfälischer Bauern). Schriftbänder der Landschaftsnamen kennzeichnen die Kernbereiche. Die natürliche Anlage des Raumes ist mit Flüssen, Bergen (Hügeln) und Mooren (waagerechte Strichelung) angedeutet. Nebenkarten a und b: Grenzen des altwestfälischen Lebensraumes nach W. Rolevinck ca. 1480 und Schücking – Freiligrath 1841 (nach P. Casser, aus: „Der Raum Westfalen" II, 2).

Abb. 83) Bauernhaus in Häver bei Osterholz. Blick auf den Wirtschaftsgiebel, rechts vom Haus der Misthaufen und das „wichtigste Nebengebäude", der erst im späten 19. Jahrh. üblich werdende Abort. (1903)

Die regionalen Baustile im 17. und 18. Jahrhundert

Etwa seit dem Ende des 30jährigen krieges läßt sich in fast allen Bereichen der Volkskultur eine starke Regionalisierung feststellen. Dies gilt z.B. für Volkstrachten, Brauchtum, Bauernmöbel oder Volkskunst ebenso wie für das Bauernhaus. Hintergrund dieser Entwicklung war die starke territoriale und konfessionelle Aufsplitterung des mitteleuropäischen Raumes in viele Klein- und Kleinststaaten, die sich im 17. Jahrhundert verfestigte und letztlich auch in der kleinräumigen Gliederung der Volkskultur ihren Niederschlag gefunden hat. Insbesondere durch die bäuerliche Sachkultur konnten breite Bevölkerungsschichten ihre konfessionelle und regionale Identität nach innen und außen hin eindrucksvoll dokumentieren.

Auch Westfalen war bis zum Beginn des 19. Jahrhunderts in viele Kleinstaaten mit unterschiedlichen Landesherrn und verschiedenen Konfessionen gegliedert. Größere katholische Gebiete waren vor allem die Fürstbistümer Münster und Paderborn sowie das zu Köln gehörige Vest Recklinghausen und das kurkölnische Sauerland, protestantisch dagegen die größeren weltlichen Herrschaften wie die zu Preußen gehörigen Grafschaften Mark, Minden-Ravensberg und Tecklenburg. In den meisten kleineren Herrschaften wie Bentheim, Lingen, Steinfurt, Rheda, Lippe, Siegen, Wittgenstein usw. hatte sich der Calvinismus weitgehend durchgesetzt. Daneben gab es aber auch noch Mischgebiete und Kuriositäten wie das Bistum Osnabrück, das abwechselnd von einem katholischen und einem protestantischen Landesherrn verwaltet wurde.

Die konfessionellen Gebiete waren überdies nicht klar abgegrenzt, sondern von zahlreichen Enklaven durchsetzt. Dieser politische und konfessionelle Flickenteppich hat sich in der westfälischen Volkskultur des 17. und 18. Jahrhunderts sehr deutlich niedergeschlagen. Dies konnte Jostes schon 1904 anhand der Trachtenlandschaften und Schepers 1960 anhand der Hauslandschaften klar herausarbeiten.[64]

Die groben, schon im 16. Jahrhundert erkennbaren Großräume im Nordwesten, im Osten und im Süderbergland wurden dabei aber nicht aufgehoben, sondern immer mehr verfeinert, oft bis hinab zum Gebiet eines Landkreises oder noch kleiner, so etwa im Artland oder im Delbrükker Land. Charakteristisch für den Nordwesten waren weitmaschige Fachwergefüge, schlichte, vorkragende Brettergiebel und die frühe Verwendung von Backsteinen und Hohlziegeln als Baumaterialien des Bauernhauses. Weiter östlich bevorzugte man dagegen eine Gestaltungsweise mit rasterartigem und möglichst eng gestelltem Fachwerk, häufig mit mehrfach vorkragenden Fachwerkgiebeln und reich verzierten Einfahrtstoren. Im Süden schließlich belebte man das Fachwerk durch zahlreiche Streben und Strebefiguren, die den Bauten ein sehr lebendiges Bild gaben. Auch hier waren Zierschnitzereien fast überall sehr beliebt.

Insgesamt wurde das Fachwerk nun aber viel feinteiliger und kleingliedriger als im 16. Jahrhundert. Starke Bauhölzer standen vielerorts nicht mehr in ausreichenden Mengen zur Verfügung. So mußten die Zimmerleute zu mancherlei Hilfskonstruktionen greifen; die hohe zimmermannstechnische Qualität der Bauten aus früherer Zeit konnte auf diese Weise kaum mehr erreicht werden. Statt dessen schmückte man die Fachwerkhäuser in den meisten Regionen nun mit allerlei dekorativem Zierrat, der den Bauten ein gefälliges äußeres Erscheinungsbild geben sollte.

Vorbildhaft für die Gestaltungsweise der neuzeitlichen Bauernhäuser waren wohl überall die städtischen Fachwerkbauten, die schon im späten 16. Jahrhundert den Höhepunkt ihrer dekorativen Ausgestaltung erreicht hatten. So gehen die zumeist üppig dekorierten Bauernhausgiebel im ostwestfälischen Raum sicher auf das Vorbild der reich ausgestalteten Fachwerkbauten im Oberweserraum zurück.[65] Die mit engmaschigem Fachwerk und mehreren Vorkragungen versehenen Schaugiebel an den Bauernhäusern im Osnabrücker Nordland folgen dagegen den ähnlich gestalteten Fachwerkbauten der Stadt Osnabrück.[66] Das schlichte Fachwerk und die bretterverschalten

Abb. 84) Einfahrtstor von 1728 mit geschnitztem Ornamentschmuck auf dem Hof Vogtsmeier in Druffel, Kr. Wiedenbrück. (1965)

Abb. 85) Vier-Ständer-Bauernhaus von 1775 in Bredenborn, Kr. Höxter; Beschnitzte Torumrahmung, Ziegelzierausmauerung im Giebeldreieck. (1959)

Abb. 86) Ein typisches sauerländisches Bauernhaus des 18. Jahrhunderts mit einem aufwendigen Tür-Oberlicht. Noch ohne Schornstein. Kirchveischede, Kr. Olpe. (1892)

Giebel der münsterländischen Bauernhäuser orientierten sich an den sehr schlichten Fassaden der dortigen Bürgerhäuser, die ebenfalls noch sehr lange Brettergiebel besaßen und zumeist auf jeglichen ornamentalen Zierrat verzichteten. Reicher ausgestaltet war hier in den Städten der Backsteinbau mit Werksteingliederung, der sich auf dem Lande seit dem 18. Jahrhundert sehr stark durchsetzen konnte.[67] Ähnlich verliefen die Prozesse am westlichen Hellweg und im märkischen Sauerland. Die dort beliebte Dekoration der Bauernhäuser mit engmaschig verstrebtem und spielerischem Fachwerk läßt sich zweifellos auf die gitterartige und strebenreiche Gestaltung der städtischen Fachwerkfronten in diesem Raum zurückführen.[68] Inwieweit der seit dem 17. Jahrhundert aufkommende Steinbau des Sauerländischen Bauernhauses mit dem Vorbild der dortigen, bislang noch wenig untersuchten, städtischen Bürgerhäusern zusammenhängt, muß einstweilen noch ungeklärt bleiben.

Die einzelnen Hauslandschaften Westfalens muß man hier nicht einzeln aufführen, sie werden weiter unten noch abschnittweise behandelt. In allen Regionen sind Bauernhäuser, Speicher und andere Nebengebäude aus dieser Zeit noch in großer Zahl erhalten. Sie bilden immer noch einen erheblichen Anteil der ländlichen Bausubstanz und wirken vielerorts bis heute Ortsbild- und Landschaftsprägend. Unser heutiges Bild vom westfälischen Bauernhaus ist weitgehend durch die Anschauung solcher Bauten des 17. und 18. Jahrhunderts bestimmt. So steht bei der Beschäftigung mit Bauernhäusern die regionale Ausprägung der ländlichen Baukultur zumeist sehr stark im Vordergrund. Auch die Freilichtmuseen im westfälischen Raum sind bisher allesamt nach diesem Schema aufgebaut. Dadurch treten die regionalen Unterschiede oft stärker in Erscheinung wie die doch ebenfalls sehr wesentlichen Gemeinsamkeiten. So blieben auch in der Neuzeit fast alle Hauslandschaften Westfalens beim Schema des niederdeutschen Hallenhauses, das lediglich verschiedenartig dekoriert und ausgestattet wurde,

Abb. 87) Ertragsvergleich durch unterschiedliche Düngung in Schöppingen, Kr. Ahaus. Links der Ertrag ohne Dünger, in der Mitte bei Düngung durch Ammoniak-Superphosphat und rechts nach Anwendung von Ammoniak-Superphosphat und Kainit. (Um 1910)

und auch der allgemeinen Tendenz vom mittelalterlichen Großraum- zum neuzeitlichen Kleinraumwohnen folgte man überall in ganz ähnlicher Weise.

Insgesamt bildet die Ausprägung der regionalen Baustile nur eine unter vielen Phasen in der Entwicklung des westfälischen Bauernhauses. Mit der Industrialisierung, der Errichtung eines deutschen Nationalstaates und der Mechanisierung der Landwirtschaft gingen die regionalen Züge seit der Mitte des 19. Jahrhunderts dann auch sehr bald wieder verloren. An die Stelle der traditionellen Baukultur traten nun neue Baumaterialien, neue Bautypen und neue Nutzungsmuster, die sich sehr rasch ausbreiten und auch überregional durchsetzen konnten.

Neuerungen im 19. und 20. Jahrhundert

Die Neuerungen seit der Mitte des 19. Jahrhunderts waren so zahlreich, so umfassend und in ihrer Wirkung so durchschlagend, daß sie hier in ihren Ursachen und Abläufen nicht eingehend behandelt werden können. Es seien nur einige Schlagworte wie Markenteilung, Erfindung des Kunstdüngers, Mechanisierung der Landwirtschaft, Reichserbhofgesetz, Erfindung des Mähdreschers, Flurbereinigung, Massentierhaltung, Monokultur, Überproduktion und Höfesterben genannt, die stellvertretend für die massiven Umwälzungen der letzten 150 Jahre im Bereich der Landwirtschaft und des Lebens auf dem Lande stehen.[69)]

Zur ländlichen Baukultur im späten 19. Jahrhundert kann am besten ein fachkundiger Zeitzeuge berichten, der die damalige Entwicklung und ihre Hintergründe sehr genau verfolgt hat – der münsterische Bau- und Kunsthistoriker J.B. Nordhoff. Er schrieb 1873 in seinem noch heute lesenswerten Buch über den „Holz-

Ammoniak-
Superphosphat
Ammoniak-
Superphosphat
u. Kainit

Abb. 88) Auch beim Wiesenbau wurden recht unterschiedliche Erträge erzielt: Links wurde Thomasmehl, in der Mitte Kainit und rechts Kainit plus Thomasmehl verwendet. Schöppingen, Kr. Ahaus. (Um 1910)

Kainit
Thomasmehl

und Steinbau Westfalens" zu den damaligen Neubauten auf dem Lande: „Viele Änderungen und Neuerungen, welche sich nicht im Einzelnen verfolgen lassen, drängten sich erst in neuester Zeit ein, welche überhaupt bei dem schnellen Fortgange der Civilisation und der veränderten Lebensverhältnisse die meisten urdeutschen Erbtheile in Sagen, Gebräuchen, Sitten und Anschauungen verwischt. Daher lassen sich namentlich in den wohlhabenden Gegenden zur Zeit für den Hausbau der Landwirthe kaum mehr Regeln aufstellen, da sie im Hausbau wie in der Sitte und Erziehung zu sehr mit den Städten und Städtern wetteifern oder gar dieselben darin noch überbieten. Im allgemeinen kann man voraussehen, daß der Bruchstein und besonders der Ziegelstein, falls der hohe Preis bleibt, das Holz allmälig verdrängen werden, welches man ohnehin gerne wegführt, um den Boden zu Ackerland umzuschaffen. Dagegen liefern viele Steingruben die nöthigsten Bruchsteine, und die Ziegeln brennt der Landwirth sich selbst. Während nun in einigen Gegenden, wie im westlichen Münsterlande, ein großer Holzmangel zum Steinbau führt, ziehen andere, wohlhabendere Gegenden denselben deshalb dem Holze vor, weil er zeitgemäßer, eleganter erscheint, selbst dort, wo es Sitte ist, daß die Holzbesitzer angrenzender Gemeinden zum Neubau eines Landhauses ein Zimmerholz geben. Darum werden jetzt fast regelmäßig der äußere Verschluß des Hauses, die Keller und Kellerwölbungen in Steinen ausgeführt, das Innere dagegen behält sein angestammtes Holzgefüge bei. Allein dieser Wechsel des Materials verursacht auch eine wesentliche Veränderung im Grund- und Aufrisse des alten Hauses, die meistentheils ebenso unschön als unpraktisch ist. Dehnte sich das alte Haus mit seinem untern Theile für das Vieh und seinem oberen Theile für den herrschaftlichen Wohnraum unter einem Dache aus, so wird der letztere als besonderer Bautheil erweitert, in seinen Wandungen hoch emporgezogen, so daß die Dachfläche an beiden Langseiten des Hauses zerrissen wird, aber dieselbe Firsthöhe noch beibehält – oder es wird das Obertheil des Hauses mit einem Querdach vor das Unterhaus gelegt, so daß die Firsten der beiden Dächer rechtwinkelig zusammenstoßen. Wer noch weiter vom alten Holzbau abweichen will, der sondert nach rheinisch-fränkischer Weise sein Wohnhaus von den Vieh- und Getreideräumen völlig ab, um alle Theile für sich, womöglich um einen freien viereckigen Innenraum, in Steinen aufzubauen. Solche Neuerungen mögen sich stellenweise praktisch erweisen, aber dafür greifen sie zu tief ein in die alte häusliche Einrichtung und Sitte, heben den familiären Verband, und verstoßen gegen ein altes geheiligtes Herkommen; dagegen sprach das altsächsische Wohnhaus, an Aufbau und Höhe unter den Nebengebäuden ausgezeichnet, jederzeit den häuslichen und familiären Zug aus, Vieh und Korn unter einem Dache und die Herrschaft mit dem Gesinde an einem Heerde und meistens auch an einem Tische zu vereinigen. Und wie die Herrschaft mit dem Gesinde an einem Tische und Heerde zusammensaß, so umfaßte, concentrirte das alte Haus alle Hauptzwecke unter ein Dach, und gestatte nur für Nebenzwecke besondere, untergeordnete Bauten. Es krystallisirten also selbst

Abb. 89) Der alte Bauernhof des Bauern Heiermann in Wiblingwerde, Kr. Altena, kurz vor der Aussiedlung. – Ein typischer Steinbau des Märkischen Sauerlandes. (1965)

Abb. 90) Der neue Aussiedlerhof Heiermann vom Typ „Trinkmilch-Hof" (Grünland ———> Milchvieh ———> Trinkmilch).
Links der Wohntrakt, rechts Wirtschaftsgebäude und Silos. (1965)

Abb. 91) Fütterung der Kühe auf dem Hof Terbrack in Vreden-Ammeloe, Kr. Ahaus. Die Diele hat einen Ziegelsteinboden und eine Balkendecke aus Rundhölzern, „Schleete" genannt. (Um 1960)

in diesen unkünstlerischen Werken der Volksarchitektur die Sitte, Lebensweise und Cultur des Westfalen."[70]

Heute würde wohl auch Professor Nordhoff anders darüber denken, denn längst hat man auch die Um- und Neubauten des 19. Jahrhunderts und der Zeit um die Jahrhundertwende im Baustil des Klassizismus, Historismus oder des Jugendstils in ihrem geschichtlichen und künsterlischen Wert erkannt. Auch „landschaftsverschandelnde" Neubauten wie die Aussiedlerhöfe der 60er und 70er Jahre dieses Jahrhunderts oder die Silos, Güllebehälter, Maschinenhallen und Bungalows auf den Bauernhöfen des späten 20. Jahrhunderts sind letztlich zeittypisch für die Aera der modernen Landwirtschaft und werden – irgendwann einmal – als Zeugen unserer Zeit in Büchern und Freilichtmuseen bewundert werden.

Abb. 92) Moderne Milchviehhaltung auf einem westfälischen Bauernhof heute: Melkmaschine mit elektronischer Steuerung der Melk-Pulsatoren, euterschonender Abschalt-Automatik und automatischer Reinigung . . . (1974)

Abb. 93) Bauernhof in einem Heidegebiet bei Ittenbeck, Kr. Grafschaft Bentheim. In der Mitte das Haupthaus, links die Scheune, rechts der Schafstall, im Hintergrund der offene Bienenstand.

Das nördliche Tiefland

Das altwestfälische Nordland umfaßt, neben dem hier eigens behandelten Osnabrücker Land, die historisch zu Westfalen, heute aber zu Niedersachsen gehörigen Landschaften im Emsland, auf dem Hümmling und im Oldenburger Münsterland. Als Teile des ehemaligen Fürstbistums Münster blieben diese Gebiet dem westfälischen Raum bis heute eng verbunden.[73)]

Im 18. und 19. Jahrhundert galten diese Landstriche wegen ihrer abseitigen Verkehrslage und für die Landwirtschaft ungünstigen naturräumlichen Vorraussetzungen als besonders rückständig. Tatsächlich wurden große Teile des Landes damals noch von ausgedehnten Moor- und Heideflächen eingenommen. Neben den weit gestreuten Höfetrupps („Drubbeln") mit ihren zum Teil recht stattlichen Bauernhöfen auf dem altbäuerlichen Kulturland entstanden im 18. und 19. Jahrhundert zahlreiche Neusiedlungen in den wüst liegenden Ödmarken. Wegen der zunächst geringen Erträge auf diesen landwirtschaftlich kaum nutzbaren Flächen lebten die Neusiedler oft in unvorstellbarer Armut in zum Teil menschenunwürdigen Behausungen.

Abb. 94) Giebel eines Bauernhauses in Borringhausen, Kr. Damme, aus dem Jahre 1752. Die gekreuzten Pferdeköpfe waren nicht nur Schmuck, sondern dienten auch zur Sicherung der Firstenden des Strohdaches. (1957)

Abb. 95) Ein sehr ähnlich gestalteter Giebel von 1754 auf dem Hof Wehming in der gleichen Bauerschaft; beide Bauten stammen wohl vom selben Zimmermeister. (1959)

Abb. 96) Deelentor des Hofes Wehming in Borringhausen, Kr. Damme. Die Inschrift nennt Meister Heinrich Menstrup als ausführenden Zimmermann. (1959)

Abb. 97) Speicher auf dem Scholten-Hof in Grasdorf, Kr. Bentheim, aus der Zeit um 1460. Das Gebäude wurde später mehrfach umgebaut und steht heute im Freilichtmuseum Detmold. (1957)

Abb. 98) Moorbrunnen in Alexisdorf, Kr. Bentheim. Das Wasser aus dem Brunnen war braun. Vor dem Kochen gab man einen Löffel Buttermilch hinein. So setzte sich der Schmutz ab und ließ sich leicht abschöpfen. (1957)

Die Moor- und Heidekaten, die man zu Beginn dieses Jahrhunderts noch häufig finden konnte, hatten mit Moor- oder Heideromantik wenig zu tun. Sie waren vielmehr Ausdruck bitterster Armut, und Landarbeitern oder Kleinbauern in den Altsiedlungen ging es oft nicht viel besser.

Der Cloppenburger Arzt J.B.J. König schrieb kurz nach 1800 für eine geplante Darstellung der Geschichte von Amt und Stadt Cloppenburg auch einige Bemerkungen über die Bauernhäuser nieder:

„Die Häuser sind von Holz und Lehm gebauet und mit Stroh gedekt, das Dach steigt seitwärts bis auf fünf Fuß herunter, und hält so das ganze überall beschützt und warm. Diese Wohnung ist bequem, wenig kostbar zu Erbauen und noch leichter zu erhalten, und entspricht ihren Zwek größtentheils, alles Materiale dazu hat der Bauer selbst, Eisen und Glas ausgenommen, zum Bau und zur Unterhaltung; er bedarf nur des Zimmermanns, den er Wohlfeil hat weil er selben die Kost giebt. Er wohnet mit seinem Vieh und Gesinde unter einem Dache warm und gegen alle Witterung geschützt, und er hat vom Herde, aus seiner Stube und aus seinem Bette beinahe alles was er hat unter Augen, er sieht sein Vieh und

Abb. 99) Der Tieben'sche Kotten, eine Kate im Wietmarscher Moor. (1944)

seine Leute beständig, und dies mögte der größte Vortheil dieser Einrichtung sein...Die kleinen Wohnungen der Heuerleute sind nur eben so groß, daß die Familie mit 1 oder 2 Kühen darin wohnen kann, selten haben sie Stuben, und die meisten könnte man mit Fug Hütte nennen... Sonderbar ist überhaubt die Abneigung des Bauern gegen warme Winterstuben, diejenige welche Oefen in den Stuben haben, brauchen diese nur bei sehr strenger Kälte, und dan auch nur um Feuerung zu Sparen. Da wo man auf letzteren keine Rücksicht zu nehmen braucht, da wird die Stube nicht besucht.

Aber des Abends wenn die Arbeit verrichtet ist, dann legt der Hauswirth ein großes Feuer an, und um denselben versammelt sich den die ganze Familie, nebst Knechte, Schäfer und Mägde und jetzt strikt alles klein und groß Hern und Frau, mit dem Scheine der hell lodernden

Abb. 100) Der Hühnerstall, eine Plaggenhütte am Tieben'sche Kotten. (1962)

Abb. 101) Hochmoorbäuerin bei der Arbeit auf dem Tieben'sche Kotten, Wietmarscher Moor, Kr. Grafschaft Bentheim. (Um 1930)

Abb. 102) Moorbauernhof in Adorf, Wietmarscher Twist, Kr. Grafschaft Bentheim. (1944)

Flammen des Feuers, ohne Licht weiter zu haben, und dabei wird dan Erzählet, was jeder nur weiß: auch wird Gesellschaft oft noch durch ein oder anderen Nachbarn verstärket...

Der Landmann sitzt äußerst selten in der warmen Stube, sondern meist am Feuerherde, bei hellodernder Flamme, Daher verbrennt er gerne die Beine, und erhält daher sehr schwer zu heilende Geschwüre an den Schienen...Uebrigens sind die mehrsten Häuser ohne Schornsteine...“[74)]

Noch drastischer schilderte 1744 der französische Gesandte am Hofe des Fürstbischofs von Münster, Augustin Blondel, in einem Bericht über seinen Besuch im Jagdschloß Clemenswerth auf dem Hümmling die Wohnverhältnisse im benachbarten Dorf Sögel:

„Da ich noch einen Augenblick Zeit habe vor der Jagd, muß ich Ihnen über diesen komischen Ort berichten. 18 armselige Strohhütten, schlimmer als die erbärmlichsten in Frankreich, bilden das ganze Dorf, den einzigen Ort im Umkreis von 6 Meilen um Clemenswerth, das von hier nur eine achtel Meile entfernt ist. Diesen Ort und diese Hütten bewohnte der Kurfürst selbst, bevor er sich Clemenswerth errichten ließ. Die Hütten sind alle gleich gebaut: eine Halle, in die sie die Karren stellen, rechts und links davon Gitter, die auf der einen Seite die Ställe für die Schweine, auf der anderen für die Pferde und Kühe absperren, am Ende der Halle, ohne Abtrennungen, ein Kamin, oder eher eine Feuerstelle ohne Abzug, wo man nur Torf verbrennt, dessen Rauch den ganzen Schuppen füllt. Hinter diesem Kamin sind zwei etwas höher gelegene Kammern, deren Gestank Sie sich leicht vorstellen können, ausgestattet mit ein paar Stühlen und einem Tisch, als Betten haben sie nur Gestelle mit Strohsäcken. Das ist alles, was ich in dem Hause vorgefunden habe, das man mir zugewiesen hat, und das zu den anständigsten gehört, denn es ist das des Pfarrers. Ich muß gestehen, daß ich das Ganze zuerst für einen Scherz hielt, vor allen Dingen, da ich einen Kurier vorausgeschickt hatte, um mir eine Unterkunft zu reservieren, aber am anderen Morgen sah ich, daß Graf Cobentzel und Herr von Zuwigel [Schwichelt], der hannoversche Gesandte, noch schlechter untergebracht waren als ich, denn ihr Haus war so schlecht gedeckt, daß es überall durchregnete; glücklicherweise hatte ich mein eigenes Bett mitgenommen und Vorräte. Die achtzehn Hütten sind dermaßen vollgestopft, daß es unmöglich war, für die Diener eine Unterkunft zu finden. Meinem hat man immerhin eine Scheune zugewiesen, ohne Tür und Fenster, gefüllt mit Heu, in das sie sich jeden Abend bis zum Hals verkriechen, so daß das Heu ihnen gleichzeitig als Matratze, Bettuch und Decke dient... Es ist in jeder Hinsicht das übelste Land, das ich in meinem Leben gesehen haben.“[75)]

Abb. 103) Moorkate. Die letzte Erdhütte im Teufelsmoor, Kr. Osterholz. Bei einer aus Gras- und Torfsoden gebauten Moorkate reicht das Dach bis zur Erde. Sie diente als Wohnung für Mensch und Vieh. (Um 1930)

Abb. 104) Dünengelände in der Heide nördlich der Straße Großkneten-Sage, Kr. Oldenburg. Rechts ein Schafstall. (1927)

„Wir kamen mit einbrechen der Nacht in ein elendes Dorf, wo man hätte sagen mögen, daß das Elend aus jedem Fenster gukte, wenn ein einziges Fenster in dem ganzen Ort gewesen wäre.“

Abb. 105) Hof Schulze Hauling in Legden, Kr. Ahaus, aus der zweiten Hälfte des 18. Jahrhunderts, einer der besterhaltenen Höfe des Westmünsterlandes. (1953)

Das Westmünsterland

Diese Region, das alte „Hamaland“, umfaßt das Gebiet des heutigen Kreises Borken im westlichsten Zipfel Westfalens. Es unterscheidet sich deutlich von den übrigen Hauslandschaften des westfälischen Tieflandes, zeigt aber große Ähnlichkeiten zu den westlich angrenzenden Gebieten am Niederrhein und in den östlichen Niederlanden.[76]

Seit dem 16. Jahrhundert ist bei den Bauernhäusern dieses Landstrichs fast ausnahmslos die Konstruktion mit durchgezapften Ankerbalken nachweisbar, während in den meisten anderen Gebieten Westfalens die Dachbalkenzimmerung vorherrscht. Gleiche Baugerüste wie im Westmünsterland finden sich aber weiter westlich, jenseits der niederrheinischen und niederländischen Grenze.[77]

Bis zur Einführung des Kunstdüngers im 19. Jahrhundert war das sandige Westmünsterland eines der Armenhäuser Westfalens. Noch im frühen 19. Jahrhundert machte es mit seinen weiten Moor- und Heideflächen auf den durchreisenden Fremden einen trostlosen Eindruck. So schreibt Annette von Droste Hülshoff 1842 über eine Fahrt vom Niederrhein ins Kernmünsterland, bei der sie den Raum Bocholt/Borken durchquerte:

„Wir haben bei Wesel die Ufer des Niederrheins verlassen, und nähern uns durch das, auf der Karte mit Unrecht Westphalen zugezählte, noch ächt rheinische Herzogthum Cleve, den Gränzen jenes Landes. Das allmählige Verlöschen des Grüns und der Betriebsamkeit; das Zunehmen der glänzenden Sanddünen und einer gewissen lauen, träumerischen Atmosphäre, so wie die aus den seltenen Hütten immer blonder und weicher hervorschauenden Kindergesichter sagen uns, daß wir sie überschritten haben, – wir sind in den Gränzstrichen des Bisthums Münster. – Eine trostlose Gegend! unabsehbare Sandflächen, nur am Horizonte hier und dort von kleinen Wal-

Abb. 106) Kötterhaus von Bernhard Schlüter aus dem 18. Jahrhundert in Südlohn, Kr. Ahaus. Ansicht vom Weg, Wohngiebel mit blühenden Apfelbäumen. Ursprünglich war es ein „Wöhnderhus", ein Heuerlingshaus, von dem nicht mehr bestehenden Hof Schulte Ebbing. Seit 1864 besaß die Familie Schlüter dieses Haus, das 1981/82 in das Bauernhausmuseum Vreden versetzt wurde. (1976)

Abb. 107) Der Bauer Bernhard Schlüter in der „Nenndöre" seines Kötterhauses. Einen Traktor besaß Schlüter nicht, bis in die 80er Jahre wurde mit einer „Pferdestärke" gearbeitet. (1976)

Abb. 108) In der Küche des Kötterhauses Schlüter. Links das offene Herdfeuer, rechts die Kochmaschine. (1979)

dungen und einzelnen Baumgruppen unterbrochen.–Die von Seewinden geschwängerte Luft scheint nur im Schlafe aufzuzucken. – Bei jedem Hauche geht ein zartes, dem Rauschen der Fichten ähnliches Geriesel über die Fläche, und säet den Sandkies in glühenden Streifen bis an die nächste Düne, wo der Hirt in halb somnambüler Beschaulichkeit seine Socken strickt, und sich so wenig um uns kümmert, als sein gleichfalls somnambüler Hund und seine Haidschnucken. – Schwärme badender Krähen liegen quer über den Pfad, und flattern erst auf, wenn wir sie fast greifen könnten, um einige Schritte seitwärts wieder niederzufallen, und uns im Vorübergehen mit einem weissagenden Auge, »OCULO TORVO SINISTROQUE« zu betrachten. – Aus den einzelnen Wachholderbüschen dringt das klagende, mövenartige Geschrill der jungen Kibitze, die wie Tauchervögel im Schilf in ihrem stachligen Asyle umschlüpfen, und bald hier bald drüben ihre Federbüschel hervorstrecken. – Dann noch etwa jede Meile eine Hütte, vor deren Thür ein paar Kinder sich im Sande wälzen und Käfer fangen, und allenfalls ein wandernder Naturforscher, der neben seinem überfüllten Tornister kniet, und lächelnd die zierlich versteinerten Muscheln und Seeigel betrachtet, die wie Modelle einer früheren Schöpfung hier überall verstreut liegen, – und wir haben Alles genannt, was eine lange Tagereise hindurch eine Gegend belebt, die keine andere Poesie aufzuweisen hat, als die einer fast jungfräulichen Einsamkeit, und einer weichen, traumhaften Beleuchtung, in der sich die Flügel der Phantasie unwillkührlich entfalten."[78]

Die wenigen erhaltenen Bauernhäuser aus der Zeit vor etwa 1800 zeigen ein schmuckloses Äußeres mit weitmaschigem Fachwerk und weit vorkragenden Brettergiebeln. Reiche Dekorationsformen im Fachwerk fehlen gänzlich. Bis in das späte 18. Jahrhundert war das sogenannte „Loss Hues", das kammerfachlose Durchgangsdielenhaus ohne besondere Wohnräume und ohne Trennwand zwischen Wohn- und Stallteil, allgemein üblich. Mit ihren verlehmten Fachwerkwänden, Strohdächern und der spärlichen Innenausstattung ohne Wohnräume im Kammerfach wirkten die Häuser dieser Region bis ins frühe 19. Jahrhundert offenbar sehr rückständig, was besonders beim Vergleich mit der damals schon hoch entwickelten Bau- und Wohnkultur im benachbarten Rheinland und in den Niederlanden ins Auge fiel. Seine Erlebnisse bei der Übernachtung in einem solchen Hause, wohl in der Umgebung von Borken, schildert um 1840 der englische Historiker Thomas Lediard folgendermaßen:

„Mein Reisegefährte war ein vortreflicher Gesellschafter, der die Welt gesehen und sich mit einiger Gelehrsamkeit eine Erfahrung erworben hatte, die seine Jahre übertraf . . .
In Wesel, sagte er mir, wolte er meine Gedult auf die Probe setzen; ich mögte mich vorbereiten, Armuth und Elend in den häßlichsten Gestalten zu sehen, denn wir würden nun durch ein Land reisen, welches so vol

Abb. 109) Die Bewohner des Kötterhauses Schlüter. Im Vordergrund der alte Brunnen. (1976)

Abb. 110) „Pütt mit Püttsuse". Alter Brunnen in Legden, Kr. Ahaus. Im Hintergrund ein Bienenhaus. (Um 1930)

davon wäre, als sonst irgend eines in Teutschland, ich meine Westphalen. Um aber mein Gemüthe wieder aufzumuntern, welches sichtbarlich über die erschrecklichen Vorstellungen, die er mir gemacht hatte, niedergeschlagen wurde, so sagte er mir, er habe Sorge getragen seinen Reisekorb mit allem Vorrath zu füllen, den wir nötig hätten. Das erste Nachtlager gab mir gleich zwo augenscheinliche Proben, daß mein Freund die Wahrheit geredet hätte. Wir kamen mit einbrechender Nacht in ein elendes Dorf, wo man hätte sagen mögen, daß das Elend aus jedem Fenster gukte, wenn ein einziges solches Ding, als ein Fenster ist, in dem ganzen Ort gewesen wäre. Denn ich wurde bald gewahr, daß ein weites Thor an dem einen Ende und eine schmale Thüre an jeder Seite in der Mitte des Hauses nicht allein zum Aus= und Eingang, sondern auch statt aller Fenster und Rauchfänge diente, die es hatte. Diese Häuser, die niedrig und nur zusammengenagelt sind, bestehen allein aus einem nicht weitläuftigen ablangen Behältniß, welches sie statt der Küche, des Sprachzimmers, der Schlaftkammer und des Stalles gebrauchen. Wir wurden in das Wirthshaus oder in die öffentliche Herberge gebracht, eine elende Viehhütte, die von den andern in nichts unterschieden war, als durch eine Krippe an der Thüre und durch sein Zeichen, ein gekrümtes Stück Papier. Unser Kutscher fuhr gerade in das Vordertheil des Hauses, wo, wie ich sahe, die Kühe stunden. Hier stiegen wir ab und gingen auf das Fenster zu, das wir am anderen Ende sahen, und fanden es mit einer Anzahl elender Leute umringet, die wenig mehr Menschliches an sich hatten, als ihre Gestalt. Sie trieben würklich einander an, um Platz für uns zu machen, aber um alles übrige bekümmerten sie sich im geringsten nicht. Wir nahmen dieses kleine Zeichen ihres Wohlwollens ohne Weigerung an und sezten uns zu ihnen auf einige Balken nieder, die zu erst vor Sitze, und denn vor Feuerholz dieneten. Aber da uns der Gestank ihres garstigen Lausewenzels und andere übele Ausdünstungen beschwerlich fielen, wozu noch der Rauch des grünen Holzes, welches auf dem Feuer lag kam, und unsern Augen empfindlich war, so stunden wir auf, wobey sich sich über unsern Verdruß kitzelten und damit gar wohl zufrieden waren. Da wir weder Tisch noch Stuhl sahen, so machten wir unsere Koffer zu Stühlen und den Speisekorb zum Tisch, worauf wir das Tischtuch aufdekten, denn wir musten zufrieden seyn, so gut als es angehen wolte . . . So musten wir uns niederlegen, auf der einen Seite wiederkaueten die Kühe und auf der andern grunzeten die Schweine . . . In dieser erbärmlichen Nothwendigkeit schloß die Müdigkeit meine Augen, und ich schlief noch so erträglich wohl, bis ein plötzliches Gezupfe mich meines Hauptküssens beraubte, worüber ich erwachte. Als ich meinen Arm ausstrekte, so war das erste, was ich ergrif, das Horn einer Kuh, welches gutherzige Thier sich von seinem Strick losgerissen hatte, und sich ohne Complimenten aus meinem Kopfküssen ein Mittagsmahl oder vielmehr ein Frühstück machen wolte

Abb. 111) Dieses Bauernhaus in Graes, Kr. Ahaus, ursprünglich im 17. Jahrh. als Durchgangshaus (Loss-Hus) errichtet, wurde im 19. Jahrh. mit Backsteinmauern umringt. Hof Röhrick. (1954)

... Dieser kleine Grundriß kan Ihnen überhaupt einen Begrif von dem ganzen Lande geben."[79]

Diese Verhältnisse sollten sich jedoch unter dem Einfluß niederländischer und niederrheinischer Vorbilder in der zweiten Hälfte des 18. Jahrhunderts rasch verbessern. Am Außenbau der Häuser ersetzte man nun die Lehmfüllungen durch Backsteine sowie das Strohdach durch tönerne Hohlziegel, die sogenannten „Pannen", und schon in der Zeit um 1800 ging man vom Fachwerkbau zum massiven Backsteinbau über. Im Inneren der Häuser zog man nun eine Trennwand zwischen der Stalldiele und der Küche ein, letztere wurde nun mit einem seitlichen Wandkamin ausgestattet und wohnlich eingerichtet. Zwar fehlte auch weiterhin das Kammerfach, weil man die Küche vom Wohngiebel aus belichten wollte, doch baute man stattdessen einzelne sogenannte „Vörkamern" seitlich vor den Wohngiebeln an. Häufig erhielt der Wohnteil des Hauses höhere Seitenwände als der Stallteil, so daß man die Wohnräume durch hohe Schiebefenster belichten konnte. Die massiven Backsteinbauten zeigen eine Baugestaltung durch sandsteinerne Tür- und Fensterrahmungen, Inschrifttafeln, schmiedeeiserne Maueranker, Ziegelornamente und verbretterte Giebelspitzen. Das Westmünsterland orientierte sich nun sehr stark an der hochentwickelten Bau- und Wohnkultur der Niederlande im 17. und 18. Jahrhundert.[80]

Bis in die Mitte des 19. Jahrhunderts hatten sich der Hausbau und die Wohnverhältnisse im Westmünsterland schon so weit verbessert, daß die holzsparenden, massiven Backsteinbauten nun als vorbildlich für ganz Westfalen dargestellt wurden. So lobt Johannes Nepomuk von Schwerz 1836 in seiner „Beschreibung der Landwirtschaft in Westfalen und Rheinpreußen" die aus Backstein erbauten Bauernhäuser im Bocholter Raum als positive Gegenbeispiele zu den „rückständigen" (weil holzverschwendenden) Fachwerkhäusern im übrigen Westfalen:

„Das Gebäude wird in der Regel mit Fachwänden, die mit Ziegelsteinen ausgemauert sind und auf einer kleinen Mauer ruhen, aufgeführt. Nur die Aermsten bedienen sich der Lehmwände. An manchen Orten wird durch Unkunde und Schlendrian unnützer Weise vieles Holz auf das Fachwerk verschwendet. Es giebt Leute, die eine Größe dahin setzen, die Fächer so klein als möglich zu machen und Stiel an Stiel wie Riegel an Riegeln anzureihen. Auch besteht der Stolz darin, unmäßig dicke Balken über die Tenne zu haben. So prunkt der Städter mit seinen Spiegeln, Tapeten, Vorhängen usw., und der westfälische Colonus [= Bauer] mit seinem Holze! Ist beides Eitelkeit! Dagegen bieten die Gebäude in dem Bezirke von Bochhold ein Muster an Oeconomie dar ..."[81]

Eine noch reichere Bautätigkeit entwickelte sich im späten 19. Jahrhun-

dert, als nach der Markenteilung und der Einführung des Kunstdüngers die armen Sandbauern plötzlich zu Wohlstand kamen. Wie andere „Neureiche" zu anderen Zeiten entwickelten auch sie rasch neue Prestigegüter, zu denen vor allem auch der Bau einer „Villa" nach dem Vorbild der einheimischen Industriellenvillen gehörte. Damit stießen die Sandbauern auf die Kritik der zeitgenössischen Heimatforscher, die das traditionelle Bauernhaus damals gerade als Teil des kulturellen Erbes entdeckt hatten (Vgl. die Ausführung von J. B. Nordhoff von 1873 weiter oben). So schrieb der Borkener Amtsgerichtsrat Dr. E. Kubisch 1927:
„Ein geradezu trauriges Kapitel ist der Neubau von Bauernhäusern. Das echte, eigenartige westfälische Bauernhaus schwindet in der Nähe der Industriestädte mehr und mehr. Es scheint auch gar kein Versuch gemacht zu werden, hier eine Überleitung von der alten Bauweise zu einem eigenen Stile zu finden. Was an Neubauten entstand ist, sind entweder stark an Miethäuser erinnernde nüchternde Kasten oder aber im Vorortstil einer Großstadt errichtete Häuser, die genau so gut wie im Münsterlande in irgend einem Wohnviertel Groß-Berlins stehen könnten . . . Man hat den Eindruck, als hätten unsere heimischen Arichtekten die Fühlung mit Boden und Landschaft der Heimat vielfach verloren und mangelten der schöpferischen Kraft, um wertvolles Eigenes zu geben. Bis sich diese Verhältnisse gebessert haben, wird wohl noch mancher wertlose Bau auf dem flachen Lande erstehen. Die Schwierigkeiten, hier Wandel zu schaffen, liegt darin, daß hervorragende Architekten mit solchen Aufgaben nicht betraut und so keine Vorbilder geschaffen werden, die die Entwicklung günstig zu beeinflussen vermöchten. Auch scheint einstweilen noch die bäuerliche Bevölkerung zu wünschen, ebenso wie die alte Tracht, die eigene Bauweise aufzugeben und dafür etwas „Neumodisches" zu erhalten. Der nivellierende Einfluß der Stadt zeigt sich hier wiederum in bedenklicher Weise."[82]

Fast alle Bauernhäuser auf den großen und mittleren Höfen wurden von der Um- und Neubauwelle der Zeit um die Jahrhundertwende erfaßt.

Abb. 112) Speicher von 1793 auf dem Gräftenhof Jan Gerd Schulze Schwering, Wüllen, Kr. Ahaus. Fenster und Backstein-Ausfachung im 19. Jahrh. erneuert. (1973)

Die älteren Haupthäuser sind seitdem zumeist nur noch in Zeitverwendung als Wirtschaftsgebäude mit älterem Kerngerüst neben der neueren Villa erhalten oder sie sind zumindest mit einem modernen Wohnteil ausgestattet.

Anders liegen die Verhältnisse bei den Kleinbauern- und Heuerlingshäusern, die auch heute noch in größerer Zahl vorhanden sind. Sie kannten bis in die zweite Hälfte des 19. Jahrhunderts noch keine Trennwand zwischen Küche und Diele, waren also noch echte „Losse Hüeser", Lehmfachwerkwände und Strohdächer kamen hier vereinzelt noch bis in die 50er Jahre dieses Jahrhunderts vor. Zum Verschwinden von „Loss Hues" und Strohdächern trugen offenbar auch die Brandversicherungen bei, welche diese feuergefährliche Bauweise im 19. Jahrhundert gemeinsam mit der preußischen Bauverwaltung wirkungsvoll bekämpften.
Von den älteren Nebengebäuden sind an erster Stelle die „Spieker" zur Aufbewahrung des ausgedroschenen

Abb. 113) Speicher, „Spieker“, von 1785 in Wüllen, Kr. Ahaus. Das Mauerwerk besteht abwechselnd aus roten und dunkel glasierten Feldbrandziegeln und wurde zu Ornamenten verarbeitet. Zwei niedrige Geschosse mit Eichenbohlenbelag, im Erdgeschoß ein niedriger Halbkeller. Die Balkeninschrift über der Tür lautet:
„ANNO 1783 DEN 22. OCTOBR JOHAN HERMAN HÜSING
ANNA CATHARINA ISING“
Das Gebäude steht jetzt im Bauernhausmuseum Vreden. (1966)

Abb. 114) Kappscheune („Kappschür") aus dem 19. Jahrh. in Wennewick, Kr. Ahaus. Vier Säulen tragen das verstellbare Zeltdach aus Stroh, das den gelagerten Vorräten angepaßt wird.

Abb. 115) „Barg" oder „Dackbarg", eine sechseckige Bühne aus Eichenbalken. Der Balkenrahmen ruht auf acht kurzen Pfosten, die mit einem Zinkblechstreifen versehen sind, damit die Mäuse abrutschen. Das Dach wird mit einem Flaschenzug mit Drahtseil gehoben und gesenkt. Vreden-Ammeloe, Kr. Ahaus, (1970)

Getreides zu nennen. Solche Gebäude sind im Bestand seit dem 15. Jahrhundert nachweisbar und vor allem im Altkreis Ahaus steht noch eine großer Anzahl repräsentativ gestalteter Fachwerkspeicher des 18. Jahrhunderts Das ungedroschene Getreide lagerte man zunächst in einer Scheune oder einem sogenannten „Rutenberg" mit verstellbarem Dach. Dieser Gebäudetyp, der heute ganz verschwunden ist und sich nur noch in den angrenzenden niederländischen Bauerschaften findet, diente aber vor allem auch zur Lagerung von Heu. Den Hafer zur Fütterung der Pferde verwahrte man in der „Musepielerschoppe", einem ganz aus Holz gefügten kastenartigen Gebäude auf konischen Steinpfeilern, die das Eindringen von Mäusen verhindern sollten.

Zum Unterstellen der Wagen benutzte man Remisen mit Längsdurchfahrt oder offene Unterstände, die im Westmünsterland als „Schirmschoppe" oder „Loose" bezeichnet werden.

Abb. 116) „Barg" oder „Dackbarg". Das Strohdach wird bei geringen Vorratsmengen herabgesenkt. (1970)

Abb. 117) Schafstall in Gr. Reken, Kr. Borken, auf dem Hof Gesing. Die Schafe wurden in den ausgedehnten Heidegebieten der Hohen Mark gehütet. (1954)

Back- und Brauhäuser waren, besonders auf kleineren Höfen, häufig mit dem Spieker kombiniert. Selten geworden sind die bäuerlichen Kleinbauten wie Kartoffelkeller, Flachsöfen, Bienenhäuser oder Bleichhütten, denen in der spezialisierten Landwirtschaft keine Funktion mehr zukommt. Doch auch die übrigen Nebengebäude lassen sich mit den großen Maschinen der modernen Landwirtschaft kaum noch nutzten und werden nach und nach durch größere Betriebsgebäude ersetzt.[83]

Abb. 118) Flachsofen aus Feldbrandsteinen; mit Lehm gemauert und auf Holzbohlenfundament. Bis ca. 1900 wurde hier Flachs geröstet. Hof Theßeling, Stadtlohn, Kr. Ahaus, jetzt im Freilichtmuseum Detmold. (1971)

Abb. 119) Scheune mit Querdurchfahrt zum Einfahrtstor des Haupthauses auf dem Hof Gressbeck in Norwalde, Kr. Steinfurt. (1949)

„In vielen Häusern liegt die Mistgrube vor der Wohn- und Schlafstube, wodurch die einzuatmende Luft unrein, ungesund und vergiftet wird. . .“

Das Kernmünsterland

Das Kerngebiet des ehemaligen Fürstbistums Münster bildet das sogenannte „Kleinmünsterland“ auf den lehmigen Böden der Altkreise Münster-Land, Coesfeld, Lüdinghausen, Warendorf und Steinfurt. Hier lagen auf fruchtbaren Böden die großen Höfe der reichen Grundherren aus der Landeshauptstadt Münster. Oft sind die großen Bauernhöfe hier als repräsentative Anlagen mit Gräfte, Torhaus, festem Speicher und Mühle ausgestaltet.[84)] Vorbilder für solche Anlagen gab es genug, denn die bäuerlichen Siedlungen waren durchsetzt mit zahlreichen Wasserburgen, kleineren Adelssitzen sowie mit den Landsitzen der reichen Münsteraner Bürger und Erbmänner. Diese breite soziale Differenzierung bot Anlaß zu einer reichen Ausgestaltung der Höfe, die sich im Münsterland aber nicht in der Anbringung von dekorativem Zierrat, sondern in der Orientierung der bäuerlichen Hofanlagen an den befestigten Landsitzen des Adels äußerte.[85)]

Abb. 120) Zufahrt zum Hof Stövesand in Harsewinkel-Überems, Kr. Warendorf. Links die Speicher-Scheune aus dem späten 18. Jahrh., im Hintergrund das Haupthaus aus der Zeit um 1800.

Auf den fruchtbaren Lehmböden waren die Bauern hier deutlich besser gestellt als die münsterländischen Sandbauern; sie bildeten gleichsam das wirtschaftliche Rückgrat des Fürstbistums Münster. Aus den weiten Heidelandschaften der umliegenden Sandgebiete hob sich das Kernmünsterland bis ins 19. Jahrhundert wie eine grüne Insel hervor. So schreibt Annette von Droste Hülshoff 1842 in ihren „Bildern aus Westfalen" zum Kleimünsterland:

„Allmählich bereiten sich indessen freundlichere Bilder vor, zerstreute Grasflächen in den Niederungen, häufigere und frischere Baumgruppen begrüßen uns als Vorposten nahender Fruchtbarkeit, und bald befinden wir uns in dem Herzen des Münsterlandes, in einer Gegend , die so anmutig ist, wie der gänzliche Mangel an Gebirgen, Felsen und belebten Strömen dieses nur immer gestattet, und die wie eine große Oase in dem sie von allen Seiten, nach Holland, Oldenburg, Kleve zu, umstäubenden Sandmeer liegt.– In hohem Grade friedlich, hat sie doch nichts von dem Charakter der Einöde; vielmehr mögen wenige Landschaften so voll Grün, Nachtigallenschlag und Blumenflor angetroffen werden, und der aus minder feuchten Gegenden Einwandernde wird fast betäubt vom Geschmetter der zahllosen Singvögel, die ihre Nahrung in dem weichen Kleiboden finden. – Die wüsten Steppen haben sich in mäßige, mit einer Heidenblumendecke farbig überhauchte Weidestrecken zusammengezogen, aus denen jeder Schritt Schwärme blauer, gelber und milchweißer Schmetterlinge aufstäuben läßt. - Fast jeder dieser Weidegründe enthält einen Wasserspiegel, von Schwertlilien umkränzt, an denen Tausende kleiner Libellen wie bunte Stäbchen hängen, während die der größeren Art bis auf die Mitte des Weihers schnurren, wo sie in die Blätter der gelben Nymphäen wie goldene Schmucknadeln in emaillierte Schalen niederfallen und dort auf die Wasserinsekten lauern, von denen sie sich nähren. – Das Ganze umkränzen kleine, aber zahlreiche Waldungen. – Alles Laubholz, und namentlich ein Eichenbestand von tadelloser Schönheit, der die holländischen Marine mit Masten versieht - in jedem Baume ein Nest, auf jedem Aste ein lustiger Vogel und überall eine Frische des Grüns und ein Blätterduft, wie dieses anderwärts nur nach einem Frühlingsregen der Fall ist. – Unter den Zweigen lauschen die Wohnungen hervor, die, langgestreckt, mit tief niederragendem Dache, im Schatten Mittagsruhe zu halten und mit halbgeschlossenem Auge nach den Rindern zu schauen scheinen, welche, hellfarbig und gescheckt, wie eine Damwildherde sich gegen das Grün des Waldbodens oder den blassen Horizont abzeichnen und in wechselnden Gruppen durcheinander schieben, da diese Heiden immer Almenden sind und jede wenigstens sechzig Stück Hornvieh und darüber enthält.– Was nicht Wald und Heide ist, ist Kamp, das ist Privateigentum, zu Acker und Wiesengrund benützt und, um die Beschwerde des Hütens zu vermeiden, je nach Umfang des Besitzes oder der

Abb. 121) Gräftenhof Schulte Steinhorst, gt. Pellengahr, in Davensberg, Kr. Lüdinghausen, der wohl eindruckvollste und am besten erhaltene Gräftenhof des Münsterlandes. Dieser Schulze wurde auch der „Davert-König" genannt. (um 1930)

Bestimmung, mit einem hohen, von Laubholz überflatterten Erdwalle umhegt. – Dieses begreift die fruchtbarsten Grundstrecken der Gemeinde, und man trifft gewöhnlich lange Reihen solcher Kämpe nach- und nebeneinander, durch Stege und Pförtchen miteinander verbunden, die man mit jener angenehmen Neugier betritt, mit der man die Zimmer eines dachlosen Hauses durchwandelt. Wirklich geben auch vorzüglich die Wiesen einen äußerst heitern Anblick durch die Fülle und Mannigfaltigkeit der Blumen und Kräuter, in denen die Elite der Viehzucht, schwere ostfriesische Rasse , übersättigt wiederkaut und den Vorübergehenden so träge und hochmütig anschnaubt, wie es nur der Wohlhäbigkeit auf vier Beinen erlaubt ist. Gräben und Teiche durchschneiden auch hier, wie überall, das Terrain und würden, wie alles stehende Gewässer, widrig sein, wenn nicht eine weiße, von Vergißmeinnicht überwucherte Blütendecke und der aromatische Duft des Minzkrautes dem überwiegend entgegen wirkten; auch die Ufer der träg schleichenden Flüsse sind mit dieser Zierde versehen und mildern so das Unbehagen , das ein schläfriger Fluß immer erzeugt. –

Kurz, diese Gegend bietet eine lebhafte Einsamkeit, ein fröhliches Alleinsein mit der Natur, wie wir es anderwärts noch nicht angetroffen. – Dörfer trifft man alle Stunde Weges höchstens eines, und die zerstreuten Höfe liegen so versteckt hinter Wallhecken und Bäumen, daß nur ferner

Hahnenschrei oder ein aus seiner Laubperücke winkender Heiligenschein sie mir andeutet und du dich allein glaubst mit Gras und Vögeln, wie am vierten Tage der Schöpfung, bis ein langsames »Hott« oder »Haar« hinter der nächsten Hecke dich aus dem Traume weckt oder ein grellanschlagender Hofhund dich auf den Dachstreifen aufmerksam macht, der sich gerade neben dir wie ein liegender Balken durch das Gestripp des Erdwalls zeichnet...

Wir haben schon früher von dem überaus friedlichem Eindrucke eines Münsterischen Gehöftes gesprochen. – In den Sommermonaten, wo das Vieh im Felde ist, vernimmst du keinen Laut, außer dem Bellen des sich an der Kette abzappelnden Hofhundes und, wenn du dicht an der offenen Haustüre herschreitest, dem leisen Zirpen der in den Mauernesseln aus- und einschlüpfenden Küklein und dem gemessenen Pendelschwung der Uhr, mit dessen Gewichten ein paar junge Kätzchen spielen; – die im Garten jätenden Frauen sitzen still so gekauert, daß du sie nicht ahnst, wenn ein zufälliger Blick über den Hagen sie dir nicht verrät und die schönen schwermütigen Volksballaden, an denen diese Gegend überreich ist, hörst du etwa nur auf einer nächtlichen Wanderung durch das Schnurren der Spinnräder, wenn die blöden Mädchen sich vor jedem Ohre gesichert glauben. –

Auch auf dem Felde kannst du im Gefühl der tiefsten Einsamkeit gelassen fortträumen, bis ein zufälliges Räuspern oder das Schnauben eines Pferdes dir verrät, daß der Schatten, in den du soeben trittst, von einem halbbeladenen Erntewagen geworfen wird, und du mitten durch zwanzig Arbeiter geschritten bist, die sich nicht weiter wundern, daß der »nachdenkende Herr« ihr Hutabnehmen nicht beachtet hat, da er nach ihrer Meinung »andächtig« ist, das heißt den Rosenkranz aus dem Gedächtnisse hersagt...

Der Hausstand in den zumeist vereinzelt liegenden Bauernhöfen ist groß und in jedem Betracht reichlich, aber durchaus bäurisch. – Das lange Gebäude von Ziegelsteinen, mit tief niederragendem Dache und von der Tenne durchschnitten, an der zu beiden Seiten eine lange Reihe von Hornvieh ostfriesischer Rasse mit seinen Ketten klirrt, – die große Küche hell und sauber, mit gewaltigem Kamine, unter dem sich das ganze Hauspersonale bergen kann; das viele zur Schau gestellte blanke Geschirr und die absichtlich an den Wänden der Fremdenstuben aufgetürmten Flachsvorräte erinnern ebenfalls an Holland, dem sich überhaupt diese Provinz, was Wohlstand und Lebensweise betrifft, bedeutend nähert, obwohl Abgeschlossenheit und gänzlich auf den innern Verkehr beschränktes Wirken ihre Bevölkerung von all den sittlichen Einflüssen, denen handelnde Nationen nicht entgehen können, so frei gehalten haben wie kaum einen andern Landstrich...“[86)]

Abb. 122) Mädchen mit zwei „Möhnen“ (Tanten) auf der Bank vor dem Kötterhaus Sessendrup in Nordwalde, Kr. Steinfurt. (1960)

Doch so rosig, wie Annettte von Droste Hülshoff meint, waren die Zustände im münsterländischen Bauernhause wohl nicht immer . Noch gut 50 Jahre früher schrieb Anton Bruchausen in seiner »Anweisung zur Verbesserung des Ackerbaues und der Landwirthschaft Münsterlandes« über die Bauernhäuser: »Unsere meisten Bauernhäuser, besonders im Amte Ahaus, Bockholt, Rheine und im Niederstifte, gleichen einer hohlen Rast, sind für Menschen und Vieh ungesund, unbequem, und überhaupt für die Landwirthschaft

Abb. 123) Flettküche des Bauernhauses im Park von Schloß Loburg, Kr. Warendorf. Links das Herdfeuer mit dem Rauchfang, rechts ein Bettschrank, davor eine Kinderwiege. (gestellte Aufnahme? um 1930)

Abb. 124) „Altwestfälische Bauernküche" (gestellte Aufnahme?) im Schloßpark Loburg bei Ostbevern. Blick auf den Waschort. (um 1930)

Abb. 125) Eßecke in der „altwestfälischen Bauernküche" im Schloßpark Loburg bei Ostbevern (gestellte Aufnahme? um 1930).

übel eingerichtet. Die Wohn- und Schlafstuben sind zu enge, zu niedrig, die Fenster zu klein, und oft so gemacht, daß sie nicht können geöffnet werden, um frische, gesunde Luft hineinzulassen. In vielen Häusern liegt die Mistgrube vor der Wohn- und Schlafstube, wodurch die einzuatmende Luft unrein, ungesund und vergiftet wird.

Man hat keine gut Aufkammer, um das Korn trocken aufzuschütten. Die Küchen sind kalt und allem Winde offen, so daß das Feuer in die Dresche verfliegen und von Hunden und Katzen ganz leicht darinn geschleppt werden kann ... Der Milch-, Butter-, Gemüse und Bierkeller ist durchgehends schlecht, und liegt oft nach der Mittagsseite in der Sonne, weshalb diese Sachen mannigmal verderben.

Abb. 126) Mistladen beim Bauern Böhr in Nienberge, bei Münster (1959)

Abb. 127) Kleines Kötterhaus aus dem 18. Jahrhundert. Durchgangshaus mit angebautem Wandkamin und Backofen sog. „Ächterheerd"), Nienberge bei Münster. Rechts jüngerer Anbau. (um 1900)

Abb. 128) Abort auf dem Hof Homann, Roxel-Schonebeck, Kr. Münster. Tür ohne Lichtöffnung. (1960)

Abb. 129) Außenpumpe an einem Kotten (Querdeelenhaus) in der Bauerschaft Altenburg, Kr. Steinfurt. (um 1940)

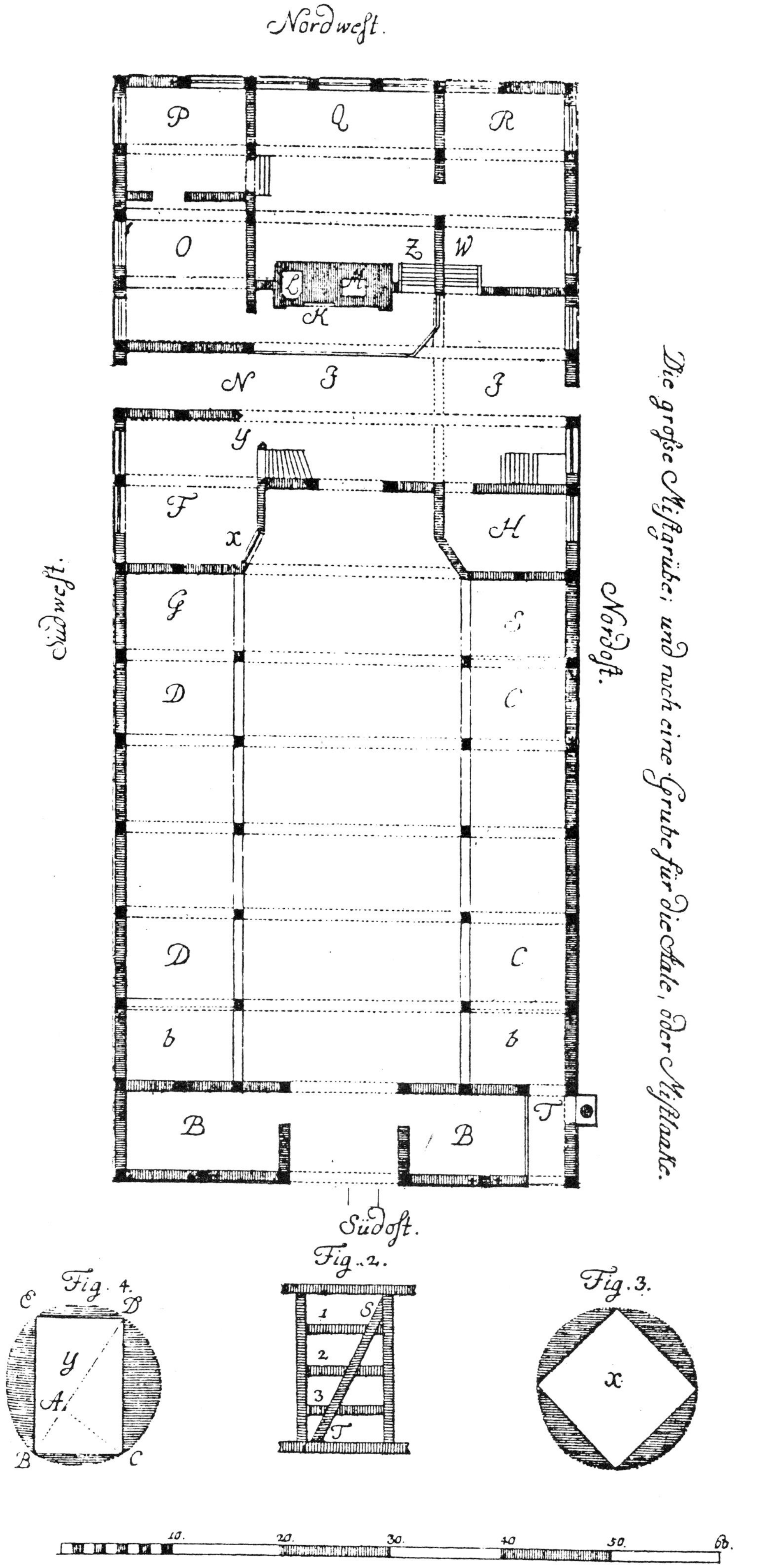

Abb. 130) So sollte ein münsterländisches Bauernhaus nach den Anweisungen eines landwirtschaftlichen Lehrbuches von 1790 angerichtet werden.

Die Ställe sind zu enge, zu niedrig, ohne Zuglöcher, oder hölzerne Fenster, also fürs Vieh ungesund. Der Boden hängt nicht ab, so daß das Vieh in seinem Unflathe liegen muß.

Auch sind an vielen Bauernhäusern noch keine Schornsteine; darum sieht da alles so schmutzig und so schwarz aus. Menschen, Kleider, Leinenzeug, das Essen und das Futter fürs Vieh sind wie geräuchert: die Luft wird unrein, erstickend, und den Augen schädlich: auch wird die Küche und der Stall zu Winterzeit kalt, weil die Haustür offen seyn muß, um den Rauch herauszulassen."

Gleichzeitig machte von Bruchausen aber auch zahlreiche Verbesserungsvorschläge, die er anhand einer beigegebenen Zeichnunmg erläutert: „Alle diese und dergleichen Fehler werden vermieden, wenn ihr auf folgende Art, welche euch der Zimmer- oder Mauermeister aus dem hier beygefügten Grundrisse deutlicher erklären wird, eure Häuser einrichtet:

A Der vördere Eigang im Hause nimmt ein Fach von 10 Fuß ein, wo die Thüre bis an die Dehle zurückliegt, damit die Dehle, und die Thüre für Schlagregen geschützt sey.

B,B Zwey Stallungen an beyden Seiten der Thüre für allerley Vieh, Schweine, Kälber, Gänse... Über B und b geht auf jeder Seite ein großer Bühn zwischen Beschuß und Balken 6 1/2 Fuß hoch. Auf dem einen Bühne beym Pferdstalle D D, schlagen die Knechte, und auf dem andern ist der Hexel- oder Heckerlingsvorrath... An dem Knechten Schlafbühne müssen Fenster seyn, welche, um frische Luft hineinzulassen, können geöffnet werden. Die Thüren, wo unten das Vieh hinausgelassen wird, sind an diesen beyden Ställen in dem Portal A, damit das Vieh nicht auf die Dehle komme, und selbige beschmutze.

C, C Der Kuhstall 9 Fuß breit ... Die Tröge werden zwischen den Ständern oder Pföstеn fest gemacht. Die Hillen darüber sind 6 Fuß hoch und dichte zugelegt oder beschossen, damit das Stroh nicht durchhänge, und bey den Verrichtungen, wenn Licht gebraucht wird, keine Feuersgefahr sey. Dieser Kuhstall ist fast so lang, wie die ganze Dehle, und geht unter die beyden Bühnen b und s her ... Im jedweden Fach soll billig ein hölzernes Fenster seyn, welches nach Erforderniß kann geöffnet und zugemacht werden ... Bey T unter dem Hexelbühne ist der Abtritt oder das Privet, nach der großen Mistgrube hin, in welchen der Menschenkoth zu Zeiten geschafft wird, und der Urin hinfließen kann. Auch ist bey T ein mit Brettern abgeschlagener Gang, durch welchen die Kühe aus dem Kuhstalle zum Hause hinaus gelassen werden, damit sie nicht auf die Dehle kommen.

D, D Der Pferdestall 10 Fuß breit. Der Futterkasten mit dem Deckel, und die Tröge stehen übereinander zwischen den Ständern, und schließen schier so nach der Dehle hin,wie eine abhängige Mauer; wobey dann der Vorteil ist, daß der Mann nach dem Dreschen sein Korn langs solcher Seite freyer werfen kann. Der Pferdestall geht auch unter die Bühne b und G bis an des Bauern Schlafkammer F.

E, E Die Dehle 56 Fuß lang, 21 Fuß breit ... Zwischen der Dehle und Küche ist eine Thür mit zween Flügeln, 6 Fuß breit und 8 Fuß hoch. Wird bey der Ernte solche geöffnet, so können die Pferde mit der Deichsel dadurch gehen, und also können drey beladene lange Wagen, der eine nach der Küche hin, und die beyden andern nebeneinander nach hinten zu frey gestellt werden.

F. Des Bauern Schlafkammer 7 1/2 Fuß hoch, wodurch er durch zwey Fenster bey x in der Mauer und bey y in der Thür, die Dehle, die Stallungen, die Küche und alle Thüren bemerken kann. Über dieser Schlafkammer ist noch ein Bühn, um schwarzes Leinen darauf zu bewahren. Hierzu führt eine kleine Treppe aus der Küche hinauf.

G. Ein Bühn über dem Pferdestall zu Kaff und Hexel und dergleichen fürs Vieh.

H.und S. Ein Bühn 6 1/2 Fuß hoch über der Waschkammer und zum Theile über dem Kuhstalle, auf welchem die Mägde schlafen, und wozu eine in der Küche hinaufgehende Treppe führt. Unter H ist die

Abb. 131) Bauernküche auf dem Hof Heitmann in Gelmer bei Münster. Am Rauchfang sind wertvolle Zinnteller aufgestellt. (1952)

Waschkammer. Das Spülwasser muß vom Waschsteine in die Mistgrube oder in die kleinere Aalgrube geleitet werden.

I, I, die Küche – K der Herd – L das Ascheloch – M das Röhr im Schornsteine. Dieses Röhr, damit es gut ziehe und der Schornstein nicht rauche...
Bey N kann eine Thüre angebracht werden, welche die Küche von dem Gange und von der Hausthüre abschließt, damit die Küche wärmer bleibe.

O die tägliche Wohnstube 7 1/2 Fuß hoch. In der Thüre ist ein Fenster, durch welches man den Heerd und die Küche beobachtet. Über diese Kammer geht der Rauchbühn, welcher sein Fenster in der Hausmauer hat.

P Eine Werkstube 7 1/2 Fuß hoch, zum Spinnen, Weben und dergleichen, oder für Kinder. Diese beyden Stuben können durch einen Ofen, dessen Pfeife man in den Schornstein leitet, geheizt werden.

Q, R Zwey Keller, die nach der Beschaffenheit des Grundes tief können gemacht werden. Die Kellerfenster sind mit hölzernem Gitter versehen. Über diesen Kellern sind zwey Aufkämmer, welche hoch oder niedrig gemacht werden, nachdem das Kellerwerk hoch oder tief liegt. Bey W ist eine Treppe 4 Fuß breit zum Keller hinein, und bey Z eine Treppe zu den Aufkämmern. Die Treppe auf den Aufkammer Q führt zum Bühne, welcher über die Werkstube P und zum Theile auch über die Wohnstube O hergeht, um Korn, Samen, Flachs etc. darauf zu legen...“[87]

Die bei Bruchausen propagierte Grundrißform ist das sogenannte Flettdeelenhaus mit Kammerfach und Scherwand zwischen Küche und Stalldiele, wie es auf großen münsterländischen Schulzenhöfen seit dem 16. Jahrhundert üblich war. Statt der kleinen Kammern konnte das Kammerfach dort einen großen Saal mit offenem Wandkamin enthalten, bei kleineren Anwesen begnügte man sich mit der Upkammer hinter dem Wandkamin der Küche, der stets das Schmuckstück der großen Flettküchen bildete. Im 18. Jahrhundert war eine Trennwand zwischen Küche und Deele in großen Bauernhäusern schon weit verbreitet, man hatte sie aber mit einer doppelflügeligen Tür so angelegt, daß man sie gegebenenfalls noch öffnen konnte. Insofern beziehen sich Bruchausens Anweisungen von 1790 wohl im wesentlichen auf kleinere Bauernhäuser, die im 18. Jahrhundert häufig noch ziemlich archaisch ausgestattet waren. Am längsten hielten sich diese Zustände bei den Kötter- und Heuerlingshäusern. Klemens von Brentano schildert dies in einem Brief an Luise Hensel:

„Überrascht war ich durch die Zucht und Demuth aller Dienstboten. Das Land hat etwas besonders Wohlthätiges zur Erhaltung der Eigenthümlichkeit und Sittenreinheit der Bauern, da es sehr wenige Dörfer gibt, wo die Leute, nebeneinander wohnend, in Laster und Klatscherei durch einander fallen. Jeder Bauer wohnt allein mit seiner Familie, zu welcher auch das Vieh gehört, in seinem Hause, das dicht von einem Busch ungeheuerer Eichen umgeben ist, die ihn vor Wind und Wetter schützen, und rings um ihn her liegen seine Felder. In einer Entfernung von etwa zehn Minuten liegt ein ähnlicher Besitz, größer oder kleiner, und mehr oder weniger solcher Wirthschaften heißen eine Bauerschaft, deren wieder mehrere eine Gemeinde ausmachen. Das Land ist dadurch von den mannigfaltigsten, reizendsten Baumgruppen und tausend heimlichen grünen Zäunen und Winkeln übersäet.

Die Bauernhäuser, und selbst die vaterländischen Bürgerhäuser, sind in der inneren Einrichtung ein Beweis, daß hier das wahrhaft häusliche, patriarchalische Leben noch Grund und Boden hat. Wenn Du in das Bauernhaus trittst, stehst Du in einem großen Raum, wie in einer Scheune: Du bist in der Mitte des ganzen Lebens. Auf Platten an der Wand brennt das Feuer an der Erde, ein sich bewegender, eiserner (bei Armen hölzerner) Arm dreht den kleinen eisernen Kochkessel, oder den großen Kessel für Viehfutter, von der Wasserpumpe über das Feuer; links und rechts stehen die Futtertröge der Kühe und Pferde, deren Köpfe hereinsehen. Die Schlafstellen sind ebenso in die Wände angebracht, mit verschlossenen Thüren, daß man Nachts das Vieh sehen kann. Um einen Pfeiler läuft in einem ausgeschnittenen Brett das Kind im Zirkel, wie im Caroussel, damit es nicht ins Feuer fällt.

„. . . Überrascht war ich durch die Zucht und Demuth aller Dienstboten .“

Am Ende dieser Halle wird gedroschen oder Flachs gebrochen, oben drüber liegt das Heu oder Getreide. Die Hausfrau am Feuer übersieht Alles. Die Fenster sind von vielen kleinen Scheiben mit Glasmalereien, geistliche Sprüche und Bilder enthaltend aus alter Zeit; draußen rauschen die Bäume, und die Leute sind einfältig, fleißig, kräftig, gastfrei und fromm.

Alles dieses findest Du bei reichen Bauern vollständig und mit Behaglichkeit, beim ärmeren roh und grob; das Einzige, was bei vielen Armen den Ungewohnten sehr drückt, ist der Mangel des Rauchfangs. Der Rauch zieht durch alle Öffnungen nach Belieben, und bei Regentagen ist alles voll Rauch; doch wird dies nun immer seltener.

Ich ging neulich nach dem väterlichen Hause der Emmerich,wo sie geboren ist und das ihr älterer Bruder, ein frommer Bauer mit Weib und Kind, jetzt besitzt. Es liegt einsam unter mehreren so zerstreuten Wirthschaften, und diese Bauerschaft heißt Flamske und gehört in die Gemeinde der Jacobi-Pfarrkirche des eine halbe Stunde entfernten Städtchens Coesfeld. Ich hatte den Wunsch die Stelle zu sehen, wo sie geboren ist,wo ihre Wiege gestanden. Stelle Dir eine baufällige Scheune mit altem Stroh gedeckt, von Lehm zusammengeknetet vor. Das große Scheunenthor halb offen und inwendig nichts zu sehen, als ein dichter Rauch, vor dem ich kaum ein Schritt weit Etwas erkennen konnte. Die Schwägerin und der Bruder begrüßten mich freundlich, nur die Kinder waren befremdet, aber reichten auf den Befehl der Eltern doch gleich Kußhände.Vor der Thüre zwei ungeheuere Eichen. Da aß ich Pumpernickel und Butter und Milch, und der fromme Bruder sprach bei jeder Sache: »Mit Gott!«

Abb. 132) Haus des Schreinermeisters Hakenes in Nienberge bei Münster. Die ländlichen Handwerker des Münsterlandes wohnten seit dem 19. Jahrh. häufig in sog. „Querdeelenhäusern“, bei denen Einfahrtstor und Haustür zur Traufenseite des Hauses zeigen. (1958)

Abb. 133) „Museschüer" von Hof Kerkhoff in Landersum, Kr. Steinfurt. Die Scheune konnte durch ein Einfahrtstor befahren und beladen werden. (1966)

Abb. 134) Pfeiler der „Museschüer" oben. Durch die konischen Pfeiler mit der breiten Deckplatte wurden die Mäuse am Eindringen in die Vorratsscheunen gehindert. (1966)

Abb. 135) „Museschoppen" vom Hof Büscher in Sirksfeld bei Coesfeld. Die kleinen Museschoppen waren nicht befahrbar. Sie konnten nur durch Luken beladen werden. (1960)

Abb. 136) Dreigeschossiger Kornspeicher auf dem Hof Schiermann in Neuenkirchen, Kr. Steinfurt. Die Giebeldreiecke zeigen eine doppelte Verkragung auf profilierten Knaggen.` (um 1930)

Abb. 137) Schafstall aus dem 18. Jahrhundert auf dem Hof Schulze Böving in Stevede bei Coesfeld. (1959)

Abb. 138) Das verbretterte Stallgebäude ruht auf einem hohen Sockel aus großen Findlingen und Backsteinmauerwerk.

Abb. 139) Eingang mit zweiteiliger Haustür am Wohnteil des Kötterhauses vom Hof Flothmann-Untied in der Nähe von Nordwalde, Kr. Steinfurt. Die Fenster sind nach außen zu öffnen.

Abb. 140) Klappfenster und Mistluke an der Seitenwand des Bauernhauses Overhage in Flamschen, Kr. Coesfeld. Die kreuzförmigen Lüftungslöcher können durch einfache Holzklappen verschlossen werden. (1959)

In dem Hause fand ich keine Stube, was man so nennen kann. In dem viereckigten Raume war ein Winkel abgeschlagen, worin der Webstuhl stand; dann einige Thüren, wie alte Fensterladen; gingen sie auf, so sah man in große Bettladen voll Stroh, worauf einige Federkissen lagen. Auf der anderen Seite guckt Ochs und Esel herein, alle Geräthschaften stehen und hängen herum; oben hängt Heu und Stroh, und Ruß und Spinnen, und das Ganze ist von einer dichten Rauchwolke in eine ewige Undurchsichtigkeit gehüllt"[88])

In der Zeit um 1900 wurde auch das Kernmünsterland von einer großen Bauwelle erfaßt. Anders als im „neureichen" Westmünsterland waren hier aber die älteren Bauten schon so qualitätvoll ausgeführt und die Hofanlagen so repräsentativ gestaltet, daß man sich häufig mit modernisierenden Umbauten begnügen konnte. Auch Neubauten hielten sich hier enger an traditionelle Bau- und Anlageformen als in anderen Regionen. So gibt es heute nur wenige Landschaften in Nordwestdeutschland, in denen gerade die großen Höfe noch einen so guten Eindruck alter ländlicher Baukultur vermitteln wie im Kernmünsterland. Kleinere Anwesen wie Kötter- und Heuerlingshäuser dienen inzwischen vielfach als Landsitze Münsteraner Akademiker.

Abb. 141) Einfahrtstor mit sog. „Vorschauer" auf dem Hof Essing, Nordwalde, Kr. Steinfurt. Der Raum vor dem zurückliegenden Tor konnte als überdachter Arbeitsplatz genutzt werden. (1945)

Abb. 142) Tagelöhnerhaus Frieling in Darup, Kr. Coesfeld. Dem Fachwerkhaus hat man eine massive Fassade vorgeblendet. Links die Eingangstür zum Stall, rechts der Wohnteil, davor die Pumpe. (um 1920)

„Knechte und Mägde herbei! Euch wartet erquickliche Speise, doch eh' beginnet das Mahl, ehrt mir den frommen Gebrauch."

Abb. 143) Betender Landmann. Bronzeskulptur von Bildhauer Heising auf dem Marktplatz in Wiedenbrück.

Das Ostmünsterland und das Wiedenbrücker Gebiet

Diese Hauslandschaft bildet einen Übergangsraum zwischen dem Kernmünsterland im Westen, dem Ravensberger Land im Norden, dem Fürstentum Lippe im Osten und dem Paderborner Land im Süden. Die Hofanlagen mit dem großen Vierständer-Haupthaus, Scheune und Speicher gleichen denen im Münsterland, in den Einzelheiten der Bauformen zeigen sich aber auch Einflüsse der anderen benachbarten Hauslandschaften. Für heutige Begriffe allzu lyrisch hat Carl Baron von der Goltz aus Herford in seinen „Westphälischen Idyllen" 1840 die Bauernhäuser dieses Gebietes beschrieben:

„Getreu dem Volkscharakter meiner lieben Landsleute habe ich mich bestrebt, die wirklichen Verhältnisse in diesem Bilde darzustellen. Der westphälische Landmann vorzugsweise im Bezirk des Osnings-Gebirges wird sich darin wiedererkennen. So entfalte ich denn vor dir, lieber Leser, im ersten Theil, „dem westphälischen Landmann", einen Grundriß seiner Wohnung, seines Gehöfts und Bauernguts, so wie des Lebens und Treibens in diesem Bereich...Auch in Westphalen schwinden von Jahr zu Jahr die hier geschilderten Eigenthümlichkeiten vor dem Andrang der Städtersitten; er ist so fest gewurzelt, wie die Haus und Hof beschirmende Eiche und wie die engestammte Liebe zu seinem hochherzigen Könige, der hinwiederum Freude daran gefunden, den westphälischen Landmann auf seinem Gehöfte zu besuchen...

Das Vorhaus

Sanft, vom Winde bewegt, umrauscht dich das wogende Saatfeld.
Dort aus der grünenden Schlucht
steigt schon das rötliche Dach.
Mächtige Eichen umher, den
brausenden Stürmen zur Abwehr,
oft auch in Zeiten der Noth
das einzig sicherste Pfand.

Vorn an dem Simse des Bau's
erzählt dir die leuchtende Inschrift
Name des Manns und der Frau,
wenn sie die Wohnung erbaut...
Schnell durch das ragende Thor
betritts du den kühlenden Lehmschlag,
der durch die Länge des Bau's
fern sich im Dunkel verliert.
Rechts erblickst du die Reih'
des ruhig hinstarrenden Rindviehs,
siehst du das blökende Kalb,
noch nicht vom Schicksal ereilt...
Sieh dann zur Linken gereihet,
die stattlichen Rosse des Landmanns;
Wie er sie wartet und pflegt,
hat sich hier trefflich bewährt.
Wenn du das freundlich bemerkst,
so führt er behaglich den Goldfuchs
rasch in das schimmernde Licht,
stellt ihn dir glänzend zur Schau.

Horch! Wie die Lade ertönt,
die sausenden Halme entzweischnitt;
Dort von der Bühne herab
wirft man das lastende Stroh:
Nahrung verlangt das Vieh nun,
Tränke von kräftigem Spühlicht.
Selbst dort der grollende Stier
fordert's mit dumpfem Gebrüll,
wenn er die Derne erspäht,
die tönend im Holzschuh herbeieilt
und nun den duftenden Klee
ringsum in Spenden vertheilt,
während im hurtigen Schwunge
der alles berathende Hausknecht
emsig das bräunliche Korn
sondert vom wirbelnden Staub.

Kommst du im Winter hierher,
dann hörest du dreschen zur Nachtzeit,
und im harmonischen Takt
schallt's in die Ferne hinaus:
Hoch vom geschwärzten Gebälk
entstürzen die Bunde wohl schockweis,
fehlte es an Händen doch nicht,
die sie am Boden verstreun.
Männer und Dernen, voll Lust
an tüchtig gemeinsamer Arbeit,
stellen, mit Flegeln bewehrt,
sich in gedoppelter Reih.
Dringen die äußersten vor,
dann weichen die andern im Rückschritt
bis zum dem Ende der Dehl,
wo es sich wechselnd erneuert.
Lustig sieht es sich an,
wenn wirbelnd der Flegel sich umschwingt
und dann die stürmende Hand
trifft in der Hülse das Korn.

Abb. 144) Torhäuschen aus dem Jahr 1741. Einfahrt zum Gräftenhof Brüning, gnt. Gut Schledebrück, Lintel bei Wiedenbrück. (um 1920)

Abb. 145) Hof Vogtsmeier in Druffel, Kr. Wiedenbrück. Großes Haupthaus von 1728. (um 1910)

Küche und Wohnzimmer

Wenn du der Tenne enteilst,
umstahlt dich der leuchtende Kochheerd.
Drüber am Eisengehenk
schwankt schon der brühende Topf.
Rasch erfaßt ihn die Frau
und schiebt ihn zum mächtigen Dreifuß.
Kaum daß die Schaalen gefüllt,
schürt sie den lodernden Brand.
Oft auch umzieht dich hier Rauch,
der wirbelnd zur Decke emporsteigt,
wo auch der Schinken gedeiht,
der „aus Westfalen" berühmt.
Roh genieße ihn stets
und würz ihn mit Pfeffer,
wenn er nach Landesgebrauch
fein auf dem Brettchen zerlegt.
Rechts sind die Bänke gereiht,
umkreisend den eichenen Eßtisch.
Dampfend von Speisen, wie sie
Flur und Jahr nur gewährt;
große Bohnen geschmort,
noch jung, mit Schinken und Grünkraut,
kann den Westfalen erfreun,
wenn sie nur reichlich zur Hand.
Zischt's am Heerde doch schon!
Pfannkuchen bereitet die Hausfrau
bald auch, mit hurtigem Schwung
fährt er ins Becken hinab.
Dort winkt kühlende Milch,
so wie westfälisches Schwarzbrot,
das unser König und Herr
stets sich zur Tafel verschreibt.
Hier nur, im engen Bezirk,
erhält man das ächte vom Sandkorn;
daß man den Ofen verschließt,
giebt ihm das rechte Gedeih'n.
Zierlich in Schnitten zerlegt,
wenn hart auch die Rinde verkrustet,
nimm es zum duftende Thee
stets als das köstlichste Brodt.

Knechte und Mägde herbei!
Euch wartet erquickliche Speise,
doch eh' beginnet das Mahl,
ehrt mir den frommen Gebrauch.
Jeder neiget das Haupt,
denn Peter, der treffliche Sauhirt,
spricht, obschon singenden Ton's,
hastig sein langes Gebet.
Kaum daß er Amen erreicht,
fährt bellend der wüthende Packan hervor
– bis sie sich Gaben erschnappt.
Stets ja die Loosung zum Mahl,
dann reicht man zur irdenen Schüssel,
senkt dann den Löffel von Holz
langsam behaglich hinein...

Abb. 146) Küche auf dem Meierhof Geweckenhorst in St. Vit bei Wiedenbrück (um 1920)

Abb. 147+148) Flett mit Herdfeuer (Rauchfang beseitigt!) und Eßtisch. Hof Vogtsmeier in Druffel, Kr. Wiedenbrück. (1965)

Abb. 149) Meierhof Geweckenhorst in St. Vit bei Wiedenbrück. Haupthaus aus der Zeit um 1800 (um 1920)

Kammer und Spinnstube
Wenn nun beendet das Mahl,
erheben sich Knechte und Mägde,
suchen ein Stündchen zu ruh'n
(das wird hier Nonen genannt).
Nun wird's öde und still,
einförmiger tickt schon die Wanduhr,
nur wie im zögernden Schritt
mißt sie den Schlummer euch zu.
Traulich mahnt dich das Zimmer,
empfängt dich der ragende Lehnstuhl,
ledergepolstert und stark.
Weithin zum Schlummer gespannt
schimmern am Fenster entlang
die Stühle und Tische von Ahorn,
an der getäfelten Wand
hängt das gesponnene Garn!
Links auf lauem Paneel
voll bläulicher Tassen der Glasschrank,
darüber, auf Borten gereiht,
glänzende Teller von Zinn...
Leicht ersteigst Du von hier
auf wenigen Stufen die Kammer.
Sieh nun das riesige Bett,
wie man es ehmals erbaut!
Rings ist die Decke gestützt,
inmitten der hülfreiche Bettquast,
wenn aus dem lastenden Pfühl
Morgens der Meier sich hebt.
Rechts dort den ragenden Schrank
vom masernden Holze des Nußbaums,
dicht mit Kleidern verhängt,
die von den Vätern ererbt...
Kommt erst der Winter heran,
dann schnurret im Zimmer das Spinnrad.
Dicht aneinander gedrängt
sitzen hier Männer und Frau'n.
Vornhin zum Rade gebückt
beginnt erst der munterste Wettstreit.
Matt von der Lampe erhellt
flüstert ein liebendes Paar.
Schau, wie das weiche Gespinnst
im schimmernden Faden sich ablöst,
den nun im kreisenden Schwung
schwirrend die Spuhle ergreift...

Feld und Hofraum
Wie belebt doch der Hauch
des Morgens den fruchtbaren Acker,
wenn er den Regen verdampft,
der ihn so mächtig erfrischt.
Dann zieht Furchen entlang
die erdedurchwühlende Pflugschar,
bald von der Egge gefolgt,
die nun die Schollen zerreist.
Feuert die Rosse nur an,
schon naht sich der rüstige Sämann,
knüpft um die Schulter den Sack,
der noch die Körner birgt...

Abb. 150) Waschort im Flett des Hofes Vogtsmeier in Druffel bei Wiedenbrück (1965)

Abb. 151) Deele mit Blick zum Einfahrtstor auf dem Hof Vogtsmeier (1965)

Was aber grunzet im Hof?
Das erdaufwühlende Mastschwein
spürt die Eicheln sich auf,
die es dann hastig verschlingt.
Eilig traben sie hin und wetzen die Zähne am Splitter,
reiben den borstigen Leib
scharf an dem schwankenden Baum.
Jetzt zum geöffneten Stall
– in jeglichem lageren dreizehn
Weibliche, mehrend die Zucht,
die du hier ragend erblickst.
Jene verschließt hierauf
im wärmenden Stalle der Sauhirt.
Quietschen sie laut mit Geschrei:
Peter will endlich auch ru'hn.
Kurzweg betitel „de Schwein",
fürwahr den Thieren auch ähnlich,
die, ihm zur Führung vertraut,
mit ihm durchstreichen den Wald.

Zischend, die Flügel empor,
verlagen die Schaaren der Gänse
was sich der zottigen Brut
schrittlings im Hofe genäh'rt.
Während im wüthenden Sprunk
an rasselnder Kette der Packan
plötzlich dem Hause entfährt,
wenn er den Bettler erspäht,
dem er es heut noch gedenkt,
wie ihn sein ragender Stock traf
und ihm die Ferse zerschlug,
daß er sich heulend verbarg.
Darum mit scharfem Gebell
ergreift er des Fliehenden Rockschoß,
bis ihm sein lautes Geschrei
Hülfe vom Knechte verschafft.
Packan gehorcht dem Gebot,
begiebt sich mit Knurren zum Lager.
Also bewacht er den Hof,
wo er seit jahren verpflegt."[89]

Abb. 152) Leiter zu den Kammern, die direkt über dem Kuhstall liegen. Hof Vogtsmeier (1965)

Abb. 153) Auf der Diele des Hofes Vogtsmeier. (1965)

Abb. 154) Tür von der Küche zur Diele. Hof Vogtsmeier. (1965)

Abb. 155) Balken- und Ständergefüge im Schafstall. Hof Vogtsmeier (1965)

Abb. 156) Ansicht des Hofes Vogtsmeier in Druffel, Kr. Wiedenbrück. (1965)

Abb. 157) Kötterhaus bei Mettingen im Tecklenburger Land. Das urtümliche strohgedeckte Vollwalmdach war in dieser Region im 16. Jahrh. noch allgemein üblich. Am längsten hielt es sich bei den Kleinbauern- und Landarbeiterhäusern. (um 1930; siehe auch Abb. 160)

„. . . Es ist wahr, der Bauer hat alle seine Früchte und sein Vieh bey sich im Hause, es ist aber nicht wahr, daß er mit den Schweinen aus einem Topf ißt, und alles durcheinander gehet . . .“

Das Tecklenburger und das Osnabrücker Land

Die unmittelbar benachbarten Gebiete des Tecklenburger- und Osnabrücker Landes, heute durch die westfälisch-niedersächsische Grenze getrennt, bildeten in ihrem ländlichen Hausbau eine weitgehende Einheit.[90] Die eindrucksvolle Beschreibung eines Osnabrücker Bauernhauses von Justus Möser wurde oben bereits zitiert; sehr positiv schildert aber auch 1788 der preußische Verwaltungsrat August Karl Holsche die Bauernhäuser im Tecklenburger Land:

„Die Art zu bauen in der Grafschaft Tecklenburg hat etwas eigenthümliches, ist dem Zustande, worin die Landbewohner sind, so angemessen, daß die Häuser, so wie sie itzt eingerichtet werden, keiner Verbesserung fähig sind. Es ist wahr, der Bauer hat alle seine Früchte und sein Vieh bey sich im Hause, es ist aber nicht wahr, daß er mit den Schweinen aus einem Topfe ißt, und alles durcheinander gehet. Die Abbildung eines hiesigen Bauernhauses wird den Leser eines andern belehren.

a ist die Scheurendehle, auf welche man mit dem Wagen fähret, und wenn es ein großes Bauernhaus ist, ohne zurückzuschieben umdrehen kann, sie ist daher verhältnismäßig breit. Alles Getraide und Heu nebst Spinnewerk wird hier herein gefahren und auf den Balken gebracht, welcher über das ganze Haus gehet, und zur reichsten Ernte Raum genug hat, denn die Häuser werden niedrig, aber hoch im Dache gebauet. b sind sogenannte Kübbingen, wo das Vieh stehet, an der einen Seite die Pferde und an der andern die Kühe, in einem Winkel die Schweine, oder es ist auch wohl außer dem Hause ein besonderer Schweinestall. Die Kübbingen gehören eigentlich nicht zum Hause, sondern sind angebauet, sie beschützen aber das Haus von außen, und wenn sie schadhaft sind, werden sie weggenommen und neue Kübbingen angebauet, alsdenn ist das Haus wieder wie neu, denn das Inwendige ist alles von starken Eichenholze, und kann Jahrhunderte dauern. Das ganze Dach ist von Stroh, weil dies wärmer und fürs Vieh zuträglicher ist. Ein Strohdach läßt keinen Regen durch, es kommt theurer als ein Ziegeldach, es ist aber nicht so kostbar zu unterhalten und dauerhafter. Dies Strohdach gehet über die Kübbingen herunter, so daß man es mit der Hand erreichen kann, welches wieder zum Besten des Viehes geschiehet, so unter diesem Strohdach des Winters so warm stehet als in einer Stube. Über den Viehställen wird das Spinnewerk und Stroh gelegt, so auch zur Wärme des Viehes geschieht, über den Pferden aber sind Kammern für die Knechte, wo sie schlafen und das Futter schneiden. Auf der andern Seite über den Kühen ist es eben so eingerichtet, und hier schlafen die Mägde. Diese ganze Einrichtung zwecket dahin ab, das Vieh zu pflegen und in beständiger Aufsicht zu haben, denn hievon hängt der Wohlstand des Bauern ab. Den ganzen Winter durch wird gedroschen, und das Vieh kann ohne die geringste Unbequemlichkeit mit leichter Mühe gefüttert wer-

Abb. 158) Deele auf dem Hof Boeckemeyer in Bockraden bei Ibbenbüren, Kr. Tecklenburg. Auf der Diele werden zahlreiche landwirtschaftliche Geräte aufbewahrt. (1955)

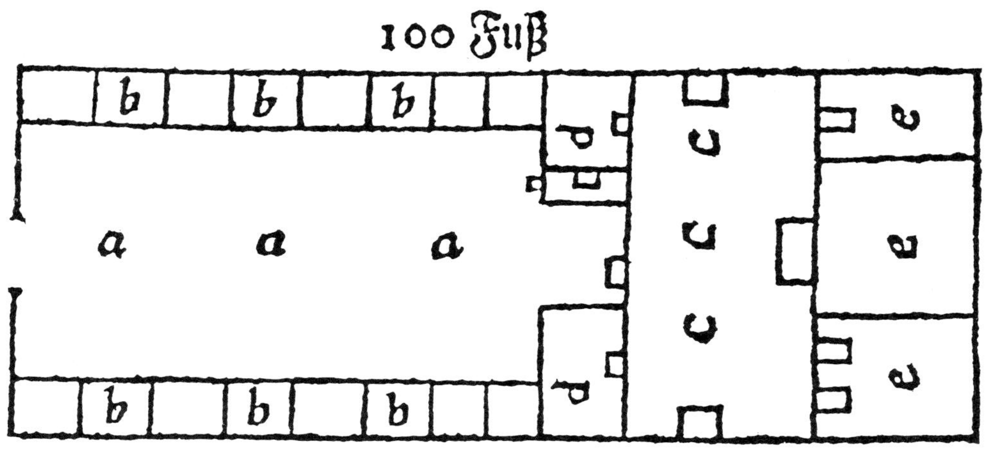

Abb. 159) Grundriß eines Tecklenburger Bauernhauses nach August Karl Holsche, 1788: a = Diele; b = Stallungen; c = Küche; d = Kammer; e = Kammerfach.

Abb. 160) Kötterhaus bei Mettingen mit weit vorkragendem Steckwalm am Wohngiebel. (um 1930; siehe auch Abb. 157)

Abb. 161) Deele in einem Bauernhaus des 18. Jahrhunderts mit profilierten Kopfbändern. Links der Kuhstall, rechts die Tür zur Küche. Hof Wahle in Wechte bei Lengerich, Kr. Tecklenburg. (1934)

den. Das reine Getraide hat der Bauer in Kisten und in Beschluß, Heu und Stroh aber gönnet er dem Vieh so viel als es nur fressen will. c ist die Küche, so queer durchs ganze Haus gehet, für alles Gesinde geräumig genug ist, und an beiden Seiten viel Fenster hat, so daß sie überaus helle. Diese Küche ist von der Scheure und den Viehställen durch eine Wand separiret, mithin geht Menschen und Vieh nicht durch einander, in vielen Bauernhäusern ist es in den Küchen sehr reinlich. Der Heerd ist so angelegt, daß hiebey keine Feuersgefahr, und itzt haben die meisten Bauern, so neu gebauet, auch steinerne Schornsteine, vordem ging der Rauch durchs ganze Haus, welches freylich unangenehm war, von vielen alten Bauern aber fürs Vieh zuträglich gehalten wurde. In der Küche wird von der ganzen Haushaltung an einem großen Tische gegessen, der Bauer oder Grosknecht schneidet das Brod vor, auch wird die meiste Zeit in der Küche am Feuer gesponnen. d sind zwey Stuben oder Kammern, in der einen hält sich der Bauer mit seinem Weibe auf, und in der daranliegenden Kammer schläft er, und kann auf der einen Seite seinen ganzen Viehstand, Knechte und Mägde, und auf der andern Seite die ganze Küche übersehen, mithin kann im Hause nichts passiren, was er nicht gewahr wird, wenn er aufpassen will. In dem andern Gemach sind Bettstellen für die Kinder, oder es wird auf andere Art genutzet. e sind Kammern, wo das Garn und andere Sachen aufbewahrt werden, und in einer stehet das Tau [= der Webstuhl], auch wird Winters wohl in einer gesponnen, wenn es in der Küche zu kalt ist, und unter einer dieser Kammern ist der Keller. Man hat also alles, was zur Haushaltung gehört, bey einander, und ich wüßte nicht, wie es vernünftiger eingerichtet werden könnte. Die Scheure und die Viehställe außer dem Hause in besonderen Gebäuden zu haben, erschweret unstreitig die Haushaltung, und der Wirth kann das Ganze nicht übersehen, das Vieh wird nicht so gut in Acht genommen, und das Gesinde ist sich zu sehr selbst überlassen…“[91]

Die hier geschilderten fortschrittlichen Verhältnisse im Bauernhaus des späten 18. Jahrhunderts gelten aber nur für die oberen Sozialschichten, also die Vollbauern und die Meier. In den Kötter- und Heuerlingshäuser der unteren Sozialschichten herrschten zumeist noch ganz andere Zustände. Ihre Behausungen waren nicht nur sehr klein und sehr ärmlich eingerichtet, oft mußten sich sogar zwei Familien eine Wohnung und eine Feuerstelle teilen. Die erbärmlichen Lebensumstände der Heuerlinge werden nicht nur bei August Karl Holsche ausführlich dargestellt, sondern auch in einem Buch des Pastors Georg Wilhelm Funke aus Menslage im Osnabrücker Nordland, das er unter dem Titel „Über die gegenwärtige Lage der Heuerleute im Fürstenthume Osnabrück" im Jahre 1847 veröffentlichte. Darin heißt es zu den Heuerlingshäusern:

„Was die Einrichtung und die Beschaffenheit dieser Heuerhäuser betrifft, so könnten sie häufig viel besser sein. Sie sind zwar ganz in der Weise der westfälischen Bauernwohnungen gebaut, allein nicht selten gar zu klein. Der Grundriß ist bei den besseren mit geringer Abweichung folgender:

Nehmen wir an, daß ein nach vorstehendem Grundrisse erbautes Haus von zwei Familien bewohnt würde, so wäre a der Doppelheerd, b die gemeine Dreschdiele, c der Wasch- und Standort der Küchengeräthe, d Wohnstube, e Durtige zum Schlafen, f Kammer für Aufbewahrung der Lebensmittel, g Stallung für das Vieh.

Bemerken müssen wir jedoch, daß f nicht selten fehlt und dann mithin ein Heuerhaus verhältnismäßig um so viel kürzer zu sein pflegt. Indeß ist ein Heuerhaus um so feuergefährlicher, je kürzer es ist, weil alsdann Heu und Stroh näher an den Heerd gebracht werden müssen. Es ist zu bewundern, daß bei diesen sehr kurzen Häusern nicht häufiger Brand entsteht wenn gleich nach der Ernte in solchen kleinen Häuser im s. g. Mannsattel (c der Figur) Roggengarben nahe am Feuerheerde aufgebänst werden, weil der nöthige Bodenraum fehlt. Die Wohnstuben sind gewöhnlich zu klein, so daß auch die Schlafstellen in den Durtige nicht die gehörige Länge haben. Dabei sind sie angefüllt mit Koffern, Kisten, Schränken u.s.w., mitunter sogar auch mit einem Webstuhle, so daß in diesen meist viel zu niedrigen Stuben hier sehr wenig Raum übrig bleibt, in welcher sich die Heuermannsfamilie bewegen kann. Der Fußboden ist von Lehm und daher stets feucht und ungesund. Die Bekleidung oberhalb der Wohnstuben pflegt schlecht zu sein, indem Bretter bloß an einander geschoben sind, so daß von oben der Staub in Menge hineinfällt. Freilich hält sich diese gewöhnlich am Heerde auf und bezieht nur in den Wintermonaten die Stube; allein alsdann ist ihr Aufenthalt darin auch um so kläglicher. Weil Keller in den Heuerhäusern feh-

Abb. 162) Flettküche im Bauernhaus Boeckemeyer in Bockraden, Kr. Tecklenburg. Blick vom Herdfeuer in die seitliche Lucht mit dem Eßtisch. (1955)

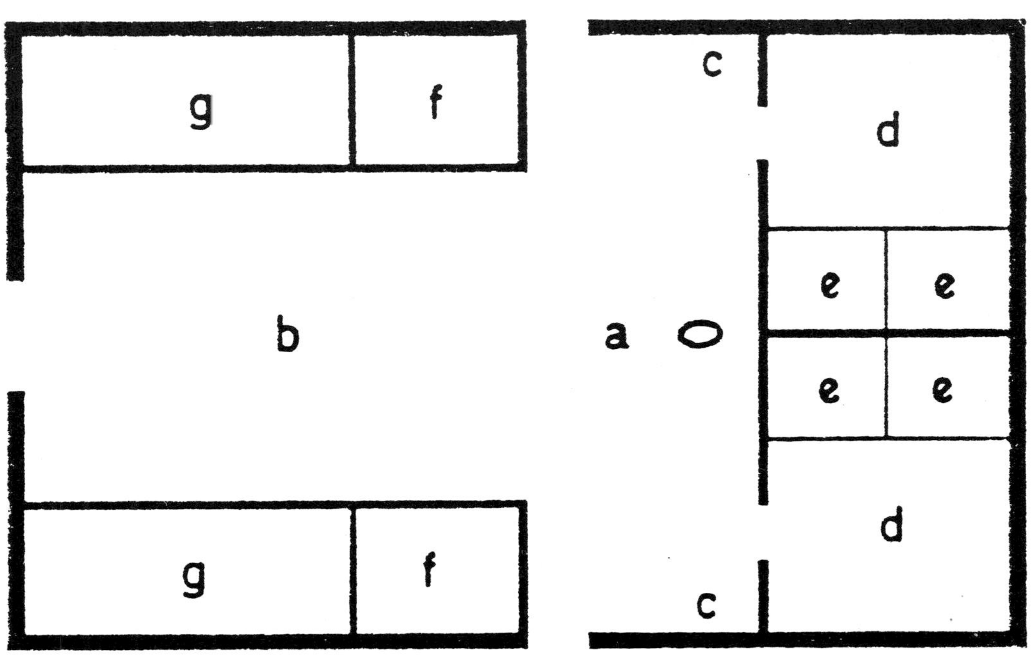

Abb. 163) Doppelheuerhaus des Osnabrücker Landes nach G.W. Funke, 1847. Jede Familie bewohnte eine Hälfte des Hauses, Diele und Feuerstelle wurden gemeinsam genutzt.

Abb. 164) Heuerhaus in Hellern, Kr. Osnabrück. Statt eines Vollwalmdaches hier ein sog. Fußwalm am Stallgiebel. (1968)

len, so müssen viele Lebensmittel, welche leicht einfrieren, im Durtig unterhalb des Bettes oder unter den Kissen, Koffern, Schränke und in Tonnen, welche die Ecken füllen, aufbewahrt werden. Alles, was die Familie während des Winters bedarf, ist so auf einen kleinen Raum zusammengedrängt, und ist der Dunst davon oft Monate lang zu ertragen. Dazu kömmt noch der Staub der Spinnräder, die Ausdünstung der Menschen, bei Tage und bei Nacht u.s.w., so daß man sich in der That oft wundern muß, wenn diese in einem solchen Raume noch gesund bleiben. Freilich ist gegenwärtig ein Gesetz da, daß in allen Stuben wenigstens ein Fenster sein soll, welches geöffnet werden kann; allein es ist allgemein bekannt, wie wenig trotz aller Ausdünstung bei Tage und bei Nacht wirklich diese kleinen Räume gelüftet werden.

In Gegenden wo nicht in Flachs, sondern in Wolle gearbeitet wird und wo dabei durch nahe Torfmoore die Feuerung leicht herbei zu schaffen ist, hält sich die Familie selbst im Winter am Heerde auf. In Arenberg, Meppen, ebenso im Lingenschen und Bentheimschen, findet man in den Heuerhäusern durchweg keine Öfen. Im osnabrückschen Amt Fürstenau und in Strichen der Ämter Bersenbrück und Vörden verhält es sich theilweise eben so. Freilich wird bei dem Wohnen am Heerde, um im Winter die Wärme zu erhalten, mehr Feuerung gebraucht, sonst aber ist der Aufenthalt hier jedenfalls gesunder, als der in den engen, verdunsteten Stuben, und zudem auch bei der Wollarbeit viel zweckmäßiger, indem die Wolle zur Bearbeitung eine gewisse Wärme liebt, die das Feuer am Heerd eher und leichter giebt, als die nur abwechselnd warmen Öfen. In solchen Gegenden, wo in Wolle gearbeitet wird, z.B. in Arenberg-Meppen, haben wir nicht selten Heuerhäuser gefunden, in welchen überhaupt Stuben und Kammern fehlten. Die Durtige befinden sich hinter und zur Seite des Heerdes und das Vieh hält sich zu beiden Seiten der Diele bis unmittelbar an den Heerd auf.

Von solchen Häusern kann man in der That sagen, daß sie mehr Ställe für das Vieh als Wohnungen für Menschen sind; wenigstens wohnt in denselben der Mensch unmittelbar mit dem Vieh zusammen. Es wäre sehr zu wünschen, daß überall, wo sich solche Hütten, Speicher, Backhäuser, Scheunen, oder wie sie sonst noch heißen mögen, finden, das Nöthige für deren Verbesserung geschehe. Muß nicht durch ein solches Zusammenleben mit dem Viehe auch eine geistige Verrohung eintreten? Dazu kommt, daß die Heuerhäuser fast überall keine Schornsteine haben. Zwar ist dieß auch sehr oft bei den Wohnungen der bäuerlichen Grundbesitzer der Fall; inzwischen ist hier die Unbequemlichkeit weniger groß, indem sich der Rauch sofort durch die größeren Räume des Hauses verbreiten kann, bis er durch eine Thür oder Luke einen Ausweg findet; anders dagegen ist es bei den Heuerhäusern, in welchen daher der Rauch, weil er sich nicht vertheilen kann, auf das nachtheiligste auf die Gesundheit der Menschen wirken muß, namentlich da, wo Torf gebrannt wird, der Aufenthalt in solchen Häusern zur Winterszeit eine wahre Qual."[92]

Abb. 165) Großes Zwei-Ständer-Bauernhaus in Hambüren bei Westerkappeln, Kr. Tecklenburg. (um 1930)

Abb. 166) Blick durch das Torhäuschen auf dem Hof Erpenbeck bei Ladbergen. Die Scheibe zeigt an, daß der Hof einen Schützenkönig gestellt hat. (1957)

Abb. 167) Großes Vier-Ständer-Haupthaus des 18. Jahrhunderts auf dem Hof Borkmeier in Aldrup bei Lengerich. (um 1930)

Abb. 168) Hof Boeckemeyer in Bockraden bei Ibbenbüren, Kr. Tecklenburg. Wegen der Hanglage ist die Zufahrt terrassenartig angelegt. (1955; siehe auch Abb. 158 und 162)

Abb. 169) Der 1815 umgebaute Wohnteil vom Hof Budde in Ladbergen. In der Mitte die drei großen Fenster der Spinnstube, links daneben die unterkellerte Upkammer. (1934)

Abb. 170) Hof Hus-Witte in Ellernbusch, Kr. Minden-Lübbecke. Die ganze Familie hat sich für den Photographen vor dem Haus versammelt. (1919)

Das Minden-Ravensberger Land

„Glückliches, kräftiges Ländchen! Karg ausgestattet von der Natur, reich durch den Fleiß deiner Bewohner – du bist die letzte unter den glücklichen westphälischen Provinzen Preußens, die ich nenne, aber wahrlich eine der ersten, die genannt zu werden verdiente! Deine steigende Blüthe beweist mehr als Alles die Weisheit deiner Regierung und die Emsigkeit deiner Bürger, die es werth sind, das beste Schicksal unter diesem Zepter zu genießen.

Die achtzehn Quadratmeilen dieser Grafschaft enthalten einen sehr verschiedenartigen Boden. Der nördliche Theil ist ein fettes fruchtbares Kleiland, das reichen Ackerbau gewähret, und die Thalgegend der Weser ist ebenfalls äußerst fruchtbar; allein die südliche Hälfte des Landes hat einen sehr schlechten, leichten Sandboden. Und dennoch sind die Bewohner überall gleich wohlhabend, und die Kultur ist in dem einen wie dem andern Theile des Landes gleich hoch gestiegen. In jener Hälfte ist, außer der ergiebigen Saline bei Rehmen, der Ackerbau und die Viehzucht sehr beträchtlich, da der Boden jede Art von Getreide liefert, und das Weserthal herrliche

Weiden hat, auch durch die Theilung der Gemeinheiten der Futterkräuterbau und die Stallfütterung immer mehr zunimmt. Im südlichen Theile aber, wo der Boden weniger ergiebig ist, wird der Flachsbau vorzüglich stark getrieben. Dieser ist hier der hauptsächlichste Arbeits- und Erwerbszweig der Einwohner, und wird mit einem außerördentlichen Fleiße, Kunst und Anstrengung getrieben, wie sonst nirgends in Westphalen. Die Präparatur des Flachses zu Garn und Leinen geschiehet mit vieler Mühe und Aufmerksamkeit. Es werden zweierlei Sorten Garn, Molt- und Vollgarn, gesponnen, und Löwent- und feines Linnen gewebet, welche unter den Namen des Bielefelder Leinen und Garns vorzüglich gesucht, und weit theurer bezahlt werden, auch von entschiedener Güte sind.

Die Fabrikation dieser Artikel ist um so einträglicher, weil jeder Landmann den Stoff selbst (durch Flachsbau) gewinnen kann, und die Verarbeitung desselben in Winterszeiten, oder durch Mägde, Töchter und selbst durch seine kleineren Söhne verrichten lassen, also immer auf eine zweifache Weise gewinnen kann. Der Fleiß dieser Leute ist unglaublich. Im Winter spinnt alles, und selbst die kleinsten Kinder müssen, sobald sie nur die Hände zur Arbeit gebrauchen können, Theil daran nehmen. Durch diese allgemeine und unermüdete Thätigkeit wird unter den hiesigen Bauern ein glücklicher Wohlstand und eine reichliche Zufriedenheit hervorgebracht, wie nur fleißige, alles sich selbst dankende Menschen besitzen können...

Was indeß die Staatsverfassung und Verwaltung beitragen kann, das Wohl solcher braven Bürger zu erhalten und zu befördern, geschieht hier im vollen Maße. Die Grafschaft, welche ehemals denen Grafen von Ravensberg gehörte, ist seit 1609 unter Preußens glücklichem Zepter, und genießet des ruhigsten Glücks unter demselben. Sie ist, in politischer Hinsicht, mit dem Fürstenthum Minden vereinigt; beide stehen unter denselben Kollegien..."[93]

So überschwenglich lobte Justus Gruner den Zustand der Grafschaft Ravensberg, die als preußisches Gebiet Westfalens, genau wie die Grafschaft

Abb. 171) Heuerlingshaus des Gutes Bustedt in Hiddenhausen bei Bünde, Kr. Herford. Der kleine Zwei-Ständer-Bau mit verbrettertem Steilgiebel und Strohdach wurde 1595 als kammerfachloses Flettdeelenhaus errichtet und steht seit 1976 beim Tabakmuseum in Bünde. (um 1930 am alten Standort)

Abb. 172) Hof Rabenkrüger in Volmerdingsen, Kr. Minden. Großer Vierständer-Bau des 19. Jahrhunderts, in der Dekoration historische Einflüsse. (um 1910)

Abb. 173) *Viehaustrieb auf einem Bauernhof in Nettelstedt am Wiehengebirge, Kr. Lübbecke. (um 1960)*

Abb. 174) *Bauernhaus mit Kerngerüst von 1603 in Neesen, Kr. Minden. Im 19. Jahrhundert umgebaut. Das Strohdach wurde teilweise durch Dachpfannen ersetzt. (um 1900)*

Mark, im 18. Jahrhundert als besonders fortschrittliche Provinz galt. Einhellig war diese Meinung aber keineswegs; insbesondere auf durchreisende Ausländer machte diese Region, im Vergleich mit ihren Heimatländern in Westeuropa, einen eher rückständigen Eindruck. So schreibt der französische General Thiébault in seinen Memoiren über eine Reise durch Minden-Ravensberg:

„Der Weg von Oldendorf nach Opinau führt durch die Ebene von Minden, eine trostlose Einöde ohne Baum oder Strauch. Es war, als ob das französische Blut, das in der unglücklichen Schlacht bei Minden im Jahre 1759 hier geflossen war, wie ein Fluch auf dem Lande lastete. Die Dörfer, die an den Rändern dieser Ebene liegen, sind abscheulich, die meisten Häuser, woraus sie bestehen, haben weder Türen noch Fenster und sind eigentlich nur Hütten, wie sie die Wilden bauen, mit einer Öffnung im Dache, damit der Rauch entweichen kann. Der Herd steht in der Mitte und Herren und Knechte, Kinder und Vieh liegen zusammen auf demselben Stroh oder vielmehr Miste."[94]

Und selbst einigen gebildeten Einheimischen schienen die Zustände in ihrer Provinz keineswegs zufriedenstellend. Der in Kleinbremen bei Minden als Prediger tätige Peter Florenz Weddigen dachte über die Bauern seiner westfälischen Heimat folgendes:

„In Rücksicht der Sitten steht der Westphälische Bauer vor dem Landmanne in andern Gegenden Teutschschlands sehr zurück. Lebt er isolirt, entfernt von Städten, Ämtern und adlichen Gutsbesitzern, sind die rauhen Ecken seines Geistes durch das Militär nicht abgeschliffen, so hat seine Plumpheit und Grobheit den höchsten Grad erreicht.

Eine höchst schmutzige und säuische Lebensart ist ihm zur Natur geworden. Er lebt mit Gänsen, Schweinen und Hühnern auf verschloßenen Stuben, die selten gereinigt werden und in welchen sich im Winter so dicke Wolken von Öhl- und Thranlampen und andern Ausdünstungen befinden, daß man ersticken mögte. Wohnstuben, in welche durch geöf-

Abb. 175) Hof Duhmann in Huchzen, Kr. Herford. Vor dem Haus die bäuerliche Großfamilie. Links wird Muskelkraft beim Spalten von Brennholz demonstriert. (1925)

nete Fenster frische Luft hineindringen könnte, sind selten. Jede zerbrochene Fensterscheibe, wird, falls kein Glaser in der Nähe ist, mit Papier verkleistert, oder mit schmutzigen Lumpen verstopft. Die Menschen leben und sterben in ihrem eigenen Unrath. Daher denn die häufigen Anfälle von Dumpf, von Faulfiebern und andern Krankheiten, wovon die unreine Luft die Mutter zu seyn pflegt, daher die Schrecken der Pockenseuche, welche oft wie die Pestilenz mordet.

Unter den vornehmern Klassen dieses Volks ist ein unerträglicher Bauernstolz herrschend, der bis zum höchsten Übermuth auszuschweifen, und Geringern oft sehr drückend zu seyn pflegt. Sie fühlen es nur zu sehr, daß sie den ersten Nahrungsstand ausmachen. Die Meyer haben wahren Ahnenstolz; verheyraten ungern ihre Kinder auf Bauernhöfe, und ergreifen jede Gelegenheit ihr Übergewicht andern fühlen zu laßen. Diese Klasse des Volks steht am steifsinnigsten auf ihr Recht, und hängt vor andern am Schlendrian der Vorwelt."[95)]

Viel ausgewogener erscheint dagegen das Bild des Ravensberger Bauern und seiner Lebensweise, wie es 1786 vom Pastor Johann Moritz Schwager aus Joellenbeck in einem ausführlichen Aufsatz „Ueber den Ravensberger Bauer" entworfen wurde:

„An Fleiß läßt sich der Ravensberger Bauer nicht übertreffen, wenn er seine Arbeit belohnt sieht. Er kennt seinen Acker durch und durch, weis es meisterlich, ihn so hoch zu nutzen, als er genutzt werden kann, und verbessert ihn mit einer bewundernswürdigen Unverdrossenheit. Kein Fußtritt liegt ungenutzt, keine Furche wird ungleich umgestürzt, und nirgend kann der Acker sorgfältiger und zweckmäßiger bearbeitet werden als hier. Der Bauer raffiniert auf Vermehrung des Düngers, keine Mergelgrube ist ihm zu entfernt, und wo er irgend einen kleinen Teich anlegen kann, um Schlammerde zu gewinnen, so thut ers. Freylich bleiben hier noch immer Unvollkommenheiten, und seine Mistgruben gehören mit darunter, die unter freyem Himmel liegen, und von der Luft und dem Regen ausgewittert werden. Er ist noch nicht so weit, als er sollte, er kennt entweder die Vorschläge, den Mist in seiner vollen Kraft zu erhalten, noch nicht, oder er ist mißtrauisch dawider. Aber was er einmal weis und angenommen hat, darüber hält er auch unverdrossen, und so bald ist sein Mist nicht aus den Ställen geworfen und in der Grube auseinander gelegt, so überfährt er ihn auch schon mit wilder Erde, die theils das Ausdünsten der Salze verhindert, theils selbst mit von ihnen geschwängert wird,

Abb. 176) Hof Büssing in Holstern, Kr. Herford. Links eine hölzerne Ackerwalze, in der Mitte zwei große Ackerwagen. (1920)

und mit Masse des guten Düngers vermehrt... Sobald die Feldarbeiten im Herbste geendigt und die Gartenfrüchte eingeerntet sind, zieht der Bauer mit Weib und Kindern, Knechten und Mägden in die Spinnstube. Jedes hat seine angewiesene Hausarbeit und dabey seine Anzahl Stücke Garn wöchentlich zu spinnen, und der Anblick eines Hausvaters, der in einem großen prächtigen Haus wohnt, und Pferde auf dem Stalle hat, womit ein Fürste fahren könnte, mitten unter allen Hausgenossen spinnend, ist mir allemal rührend, und ich betrachte den noch unausgearteten, auch im Kleinen fleißigen und ordentlichen Mann mit Ehrfurcht.

Der Bauer wohnt in der Grafschaft Ravensberg vergleichungsweise sehr

Abb. 177) Aufrichten der Ständer-Gebinde beim Bau einer Scheune auf dem Hof Rohlfing, Pr.Ströhen, Kr. Lübbecke.

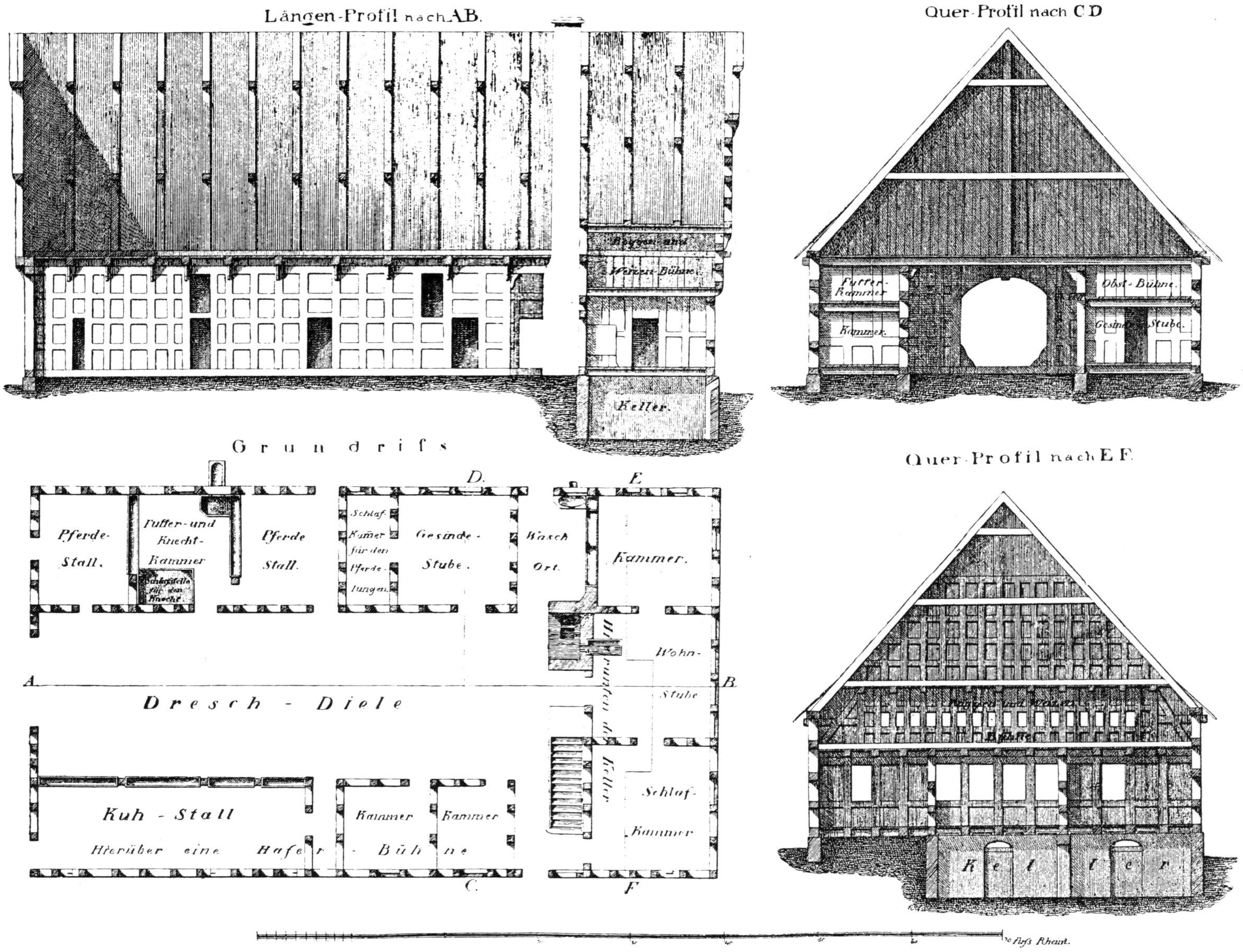

Abb. 178-181) Grundrisse und Aufrisse (Längsschnitt, Querschnitt in Diele und Kammerfach) eines „modernen mindener Bauernhauses“ in den „Westfälischen Provinzialblättern“ von 1828. (nach Caesar)

gut, und, wenn er irgend ein großes Gut hat, in einem Hause, das 100 bis 120 Fuß lang und 50 bis 52 Fuß breit ist. 20 Fuß ohngefähr von der oberen Breite des Hauses nimmt die Wohnstube, Schlafkammer und etwa noch eine Kammer ein; wieder so viel die Küche, wo der Heerd in der Mitten, und auf beyden Seiten Thüren sind. Die übrige Länge des Hauses ist die Mitte zur Dreschdiele und die Seiten zu Pferde- und Kuhställen und zu Schlafkammern für Knechte und Mägde bestimmt. In der Wohnstube ist ein Fenster angebracht, wo der ganze Dielenraum übersehen werden kann, und hier sitzen der Hausvater und die Hausmutter mit ihren Spinnrädern, und übersehen die spinnenden Hausgenossen sowohl, als auch Küche und Diele. Die Kötter, die zu Hause Holtz und Licht spahren wollen, vermehren die häusliche Gesellschaft, und so sieht man oft eine Anzahl von 20 Spinnern in einer Stube, denen ihre Arbeit durch wechselseitige Vertraulichkeit, Scherz und Lachen zum angenehmsten Zeitvertreibe wird. Man versöhnt sich mit den Plackereyen dieser Erde wieder aus, wenn man eine solche Anzahl hertzlich vergnügter Menschen sieht, und wie oft wünschte ich mir unsern Vater Friedrich [von Preußen] in so eine Stube; es müßte seinem Herzen wohl thun!

Das Verhältniß, worinn ein Kötter oder Miethsmann mit seinem Bauren steht, ist im Grunde weit größere Sclaverey, als das Leibeigenthum des Bauren selbst. Der Kötter erhält gegen eine billige Miethe von seinem Bauer, den er und das Gesinde seinen Wirth nennt, eine nothdürftige Wohnung und so viel Land, daß er so eben seine nothwendige Küchengewächse ziehen und des Sommers eine Kuh davon erhalten kann. In der Erndte kauft er so viel Rocken in Garben, als er glaubt, daß er Stroh für seine Kuh bedarf, und dies nicht wohlfeiler, als es jeder andere Mensch kauft. Dafür ist der Kötter gewissermaßen der Leibeigene des Bauern, auf dieses Winck muß er mit Weib und Kind zur Arbeit kommen, die zwar bezahlt wird, aber der arme Miethsmann muß oft zu Hause weit mehr versäumen, als ihm sein Tagelohn werth ist. Alles, was ihm seine Sclaverey versüßen kann, ist die Vertraulichkeit, womit er den Bauer und der Bauer ihn behandelt, und der Credit, den ihm der Bauer giebt. Außer dem Dreschen braucht indeßen der Bauer des Winters den Kötter nicht, wenn es nicht etwa ein Holtzhauer ist, der auch im Winter im Walde arbeitet. Des Winters spinnt also der Kötter mit den Seinigen, um die gemachten Schulden abzutragen, seinen Flachs hat er selbst gezogen, denn der Bauer leiht ihm dazu, gegen bestimmte Miethe, auf einen Sommer das Land, und bearbeitet es ihm.

Abb. 182) Bauernküche mit offenem Herdfeuer im Bauernhofmuseum Bielefeld. Aufnahme aus den 30 er Jahren.

Geräth nun dem Kötter das Flachs, bleibt er mit Krankheiten verschont, und sind seine Kinder 5 bis 6 Jahre alt, daß sie ihm spinnen helfen können, so kann er leben und selbst etwas erübrigen; stirbt ihm aber seine Kuh, sein größter Reichthum, oder ist sein Weib zu fruchtbar, und liegt eins der Seinigen einige Zeit kranck, so ist er ruinirt, und kan sich schwerlich wieder erhohlen. Gewöhnlich ist aber seine Armuth selbst verschuldet. Das junge Gesindel plumpst zu früh in den Ehestand hinein, Knaben von 18 Jahren heyraten Mädchen von 16, 17 Jahren, statt Vorrath gesammelt zu haben und das geringste Unglück setzt nachher diese Eheleute so sehr zurück, daß an kein Erhohlen mehr zu denken ist...

Auch kleine Eigenbesitzer, Brincklieger und Cotsäthen, besonders in den Dörfern, haben einen oder zwey Kotten auf ihrem kleinen Hofraume, auch solche, die so wenig Länderey besitzen, daß sie ihren Miethsleuten keinen Fußbreit untergeben können. Dies ist besonders der Fall, wo der Edelmann, Prediger oder ein nahe wohnender großer Bauer an solche Leute Land vermiethen kann und will, und solche Kötter sind noch die glücklichsten. Ihr Wirth bedarf ihrer Hülfe selten, sie sind also Herr ihrer Zeit, und wenn das Garn irgend im guten Preis steht, so können sie sehr gut bestehen. Der Mann, wenn er kein Leineweber ist, ist gewöhnlich ein Tagelöhner, hat die größte Zeit des Jahrs durch beständig Arbeit und seinen guten Tisch, und verdient sich die Woche seinen halben Thaler. Die Frau verrichtet die häuslichen Geschäfte, schafft Futter für ihre Kuh, oder, in deren Ermangelung, für ihre 2 bis 3 Ziegen, und behält noch Zeit übrig, 1 bis 1 1/2 Stück Garn zu spinnen. Hat sie ein kleines Kind, das sie zu Hause keinem größeren anvertrauen kann, so nimmt sie es mit auf das Feld oder in den Garten, wenn sie für ihr Vieh Futter holt, legt es so lange auf Gottes Erdboden, und wenn sie fertig ist, so packt sie beyde Bürden auf und kommt schwer beladen wieder nach Hause. Zu Hause wacht sie darüber, daß die größeren Kinder ihr genanntes Garn spinnen, und ist das kleinste noch jung, so liegt es neben ihrem Spinnrade in der Wiege, wird's ungeduldig, so nimmt sie es aufs Knie, reicht ihm die Brust und spinnt immer fort dabei, und ist es im Begriffe, gehen zu lernen, so überläßt sie es ihm selber, und es muß so lange auf allen vieren kriechen, bis es sich selbst aufrichten und allein gehen kann...

Ich habe von unserm Bauer unpartheyisch das Gute gesagt, das er an sich hat, aber eben so freymütig seine Fehler. Wer ihm das letzte wieder erzählen will, erzählt ihm auch wohl das Erste, und thut ers nicht, findet er Freude darinn, ihn wider mich aufzuhetzen; so muß ich ihm auch dies Vergnügen laßen, um das ihn edeldenkende Seelen wohl nicht beneiden werden."[96]

Abb. 183) Speicher von 1763 auf dem Hof Frederking in Hartum, Kr. Minden. Das Gebäude zeigt dekoratives Fachwerk mit Ziegelzierausmauerung, über der Giebellücke der für das Ravensberger Land charakteristische „Geckpfahl" (um 1925)

Abb. 184) Speicher von 1709 auf dem Hof Schröder in Preußisch Ströhen, Kr. Lübbecke. Die Ausfachung im Obergeschoß läßt die Art der Wandfüllung, hier ohne Flechtwerk, erkennen. Die Giebelspitzen sind mit gekreuzten Pferdeköpfen dekoriert. (1925)

Abb. 185) Heuscheune vom Hof Meier in Uphausen, Kr. Minden. Zur besseren Luftdurchlässigkeit ist das Flechtwerk der Außenwände unbekleidet geblieben, die Verbretterung der Wände ist jüngeren Datums.

Abb. 186) Torbogen von 1852 mit reichen ornamentalen Zierschnitzereien an einem Bauernhaus in Horst bei Tengern, Kr. Lübbecke. (um 1920)

Abb. 187) Gehöft Folle in Vollmerdingsen, Kr. Minden. Links die Scheune, rechts das Haupthaus. (um 1910)

Abb. 188) Scheunendurchfahrt auf dem Hof Mittelkrämer in Offelten. Die Scheune wurde 1789 erbaut. (um 1920)

Abb. 189) Giebel eines Bauernhauses südöstlich von Lübbecke. (1950)

Abb. 190) Eine Dorfidylle in den 30er Jahren – die Dorfstraße in Alverdissen, Kr. Lippe, mit Bauernhäusern aus dem 16. und 17. Jahrhundert. (1936)

Das Lipper Land

„Ein glückliches, gesegnetes Ländchen, das unter der edlen Fürsorge seiner trefflichen Regentin, und durch den Fleiß seiner Bewohner, (einige sechszigtausend) einer höheren Kultur täglich entgegen reift. Sein Flächeninhalt faßt etwa drei- bis fünfunddreißig Quadratmeilen eines guten und sehr bebauten Bodens. Die Bewohner haben von der Natur fast dieselben Reichthümer, als ihre paderbornschen Nachbarn, aber mehr durch ihren Fleiß und regere Thätigkeit. Sie bauen jede Art von Korn, und vorzüglich Flachs, aus dessen Fabrikation sie ihre übrigen Bedürfnisse erhalten. Holz gibt ihnen ihre gebirgigte Gegend im Überfluß, und Viehzucht treiben sie selbst stark. Der von der Natur sehr verlassene Theil des Landes, die Senner Heide, ist die einzige unbebauete Strecke desselben, und doch wird auch sie durch die hier befindlichen wilden Pferde (Sennerpferde) nutzbar, die sich noch immer fortpflanzen, und von Zeit zu Zeit eingefangen werden…“[97]

Zu diesem sehr positiven Urteil über das kleine Fürstentum Lippe kam im späten 18. Jahrhundert Justus Gruner in seiner „Schilderung des sittlichen und bürgerlichen Zustandes Westphalens“. Auch in einem „Beytrag zur Charakteristik des Lippeschen, Ritbergischen und Paderbornischen Bauern“ aus der Feder des Predigers Georg Konrad von Cölln zu Oerlinghausen aus dem Jahre 1784 erhalten die Lippischen Bauern das beste Urteil. Zu ihnen heißt es dort:

„Der Lipper ist unter diesen am meisten gebildet, hat aber ungleich mehr Gefühl von Freyheit und Steifsinn auf sein Recht, als der Ritberger und Paderborner. Ein außerordentliches Mißtrauen und Bangigkeit, daß von seiner Obrigkeit ihm zu nahe geschehen mögte, ist bey ihm Zug des Charakters, das denn oft dem besten Willen seiner Obern Fesseln anlegt. Eine bessere Erziehung, wofür jetzt mit allem Eifer gesorgt wird, ist ein Haupt-

Abb. 191) Wirtschaftsgiebel eines Vier-Ständer-Bauernhauses aus dem Jahre 1595 in Alverdissen, Kr. Lippe. Rechts im Bild Einzelteile von Ackerwagen. (1937)

mittel, dies Volk geschmeidiger und milder zu machen. Der Lipper sieht außerordentlich auf Ehre. Wer freundlich mit ihm redet, sein radotiren oft geduldig anhört, mit Freundlichkeit ihm den Hut aufsetzen heißt, wenns unter freyem Himmel ist, der kann viel von ihm haben; wer aber in diesen wirklich unbedeutenden Dingen versieht, dem traut er nicht. Wenn jemand Theil an seinem Schicksal nimmt, zu ihm ins Haus geht, mit seinen Kindern sich viel zuschaffen macht, seine Früchte und sein Vieh besieht, dem kann er nichts abschlagen, und der kann Wunder thun. Greift mans so an, so mögte er einen auf den Händen tragen. Er respectiret einen solchen Mann, und thut gern was er ihm sagt. Hingegen der geringste Schein von Verachtung dringt ihn auf, und dann ist er zu allem fähig. Ich rede aus Erfahrung…

Abb. 192) Der Torbogen des Hauses oben mit der Inschrift von 1595, die „Jürgen Sceper und Catrina Bote“ als Bauherrn des Hauses nennt. (1937)

Abb. 193) Ziehbrunnen auf einem Bauernhof in Lauenhagen, Kr. Schaumburg-Lippe. Im Hintergrund rechts das strohgedeckte Haupthaus, links ein pfannengedecktes Nebengebäude. (um 1950)

Abb. 194) Kleines Drei-Ständer-Bauernhaus von 1585 in Wendlinghausen bei Lemgo, Kr. Lippe. Links die im 19. Jahrhundert veränderte niedrige Abseite, die ursprünglich Stallungen enthielt. (um 1935)

Abb. 195) Großes Vier-Ständer-Bauernhaus aus der Zeit um 1550 in Eschenbruch bei Blomberg, Kr. Lippe. Rechts ein jüngerer Anbau, im Hintergrund links der Speicher aus der 2. Hälfte des 16. Jahrhunderts. Über dem Deelentor ist ein sog. „Erntehahn" angebracht. (1936)

Der Lippische, Paderbornische und Ritbergische Bauer liebt starke, schwer verdauliche Speisen. Gewöhnlich ißt er viermal des Tages. Des Morgens ein Frühstück (Imbt), des Mittags, des Nachmittags (Vesperbrodt) und des Abends. Letztere Mahlzeit ist die stärkste und heißt Nachtmisse. Nach eingenommener Abend-Mahlzeit legt er sich gleich zu Bette. Die Handwerker und Fabrikanten arbeiten Abends beym Licht, und leben wie der Städter. Morgens steht er um 2, höchstens 3 Uhr auf, und verrichtet sein Hauptgeschäfte in den Morgenstunden. Er mißt seine Zeit nach dem Lauf der Sonne, dem Hahnengeschrey, und bey der Nacht dem Lauf des Sieben-Gestirns, und des großen Bären den er Peiterstab (oder Petristab) nennt. Auch findet man jetzt schon in vielen Häusern Uhren, die jene Zeitmessung überflüßig machen.

Die Kleidung ist nach den Gegenden und Dörfern sehr verschieden, so daß man an der Kleidung sehen kann, aus welcher Gegend der Mensch ist der sie trägt. Die männliche Kleidung ist indeß ziemlich gleich, die weibliche ist verschieden. Im Rietbergischen besteht der größte Putz in vielen Falten des Halstuchs, und der Röcke. Im Lippischen ist es ein goldner Gürtel um den Leib, und eine Mütze mit breiten goldnen Tressen besetzt. Das Haar wird bey den Frauensleuten unter der Haube in der Mitte des Kopfs zusammen gebunden. Eine Reihe bernsteinerne Korallen ist ein wesentliches Erforderniß zum vollkommnen Putz, je größer und schwerer, je besser.

Ihre Wohnungen sind dauerhaft, aber höchst einfach und ihrem Charakter angemessen. Wer eine sieht, hat sie alle gesehen. Geht man in die große Thür, so tritt man auf die weite Flur. An der einen Seite sind die Kuhställe, an der andern die Ställe für Pferde und Knechte, denn den Namen Kammer verdienen diese Behältnisse nicht. Ueber den Ställen sind Futterkammern für beydes Vieh. Am Ende der Flur ist der Feuerheerd; über ihm eine bretterne Bühne (Asse), die den Rauch auffängt, auf welcher Westphalens

Schweine-Schinken so gut durchgeräuchert werden. Wer einen Schornstein machen läßt, ist ein Sonderling. Hinter dem Feuerheerd ist die allgemeine Wohnstube und daneben die Schlafkammer der Herrschaft des Hauses und ihrer Kinder; drüber die Behältnisse für reines Korn und die übrigen Victualien.

Ein großer Theil der Bauern wohnt einzeln, hat um sein Haus sein Feld liegen, und ziemlich entfernte Nachbaren. So viel öconomische Vortheile diese Einrichtung auch haben mag, so erschweret sie doch die Bildung seines Geistes. Gesellschaft macht milde, und wann des Menschen Interesse zu wenig mit des Nachbars Interesse verwebet ist, so bleiben viele gesellige Empfindnisse unentwickelt. Überdies da nach der Einrichtung manches Haus seinen eigenen Viehhirten halten muß, da in andern Ländern ein Hirt das Vieh des ganzen Dorfs hütet, so geht vielen Kindern die beste Zeit ihren Geist bilden und entwickeln zu lassen, hinter dem Vieh verloren."[98]

Der oben geschilderte „freundliche Charakter" des Lipper Landes hat sich in großen Teilen dieser bis heute weitgehend ländlich strukturierten Region bis in die Gegenwart erhalten. Kaum eine andere Hauslandschaft Westfalens zeigt noch einen so reichen Bestand an Fachwerkhäusern des 16. bis 19. Jahrhunderts und nirgendwo sonst findet man noch so geschlossen erhaltene Dorfbilder wie in Lippe. So bildet diese Landschaft zur Zeit auch einen Schwerpunkt der hauskundlichen Forschung in Westfalen.[99] Neben den vielen erhaltenen Häusern der Bauern, Landarbeiter und Handwerker sind noch die großen Meierhöfe zu erwähnen, auf denen häufig, wie im Münsterland, steinerne, umgräftete Speicher, die sogenannten „lippischen Bauernburgen", stehen.[100] Ansonsten findet man auf den lippischen Höfen die üblichen Nebengebäuden wie Leibzucht, Scheune, Speicher und Backhaus.

Abb. 196) Kleines Zwei-Ständer-Bauernhaus vom 1566 auf dem Hofe Weber in Lage-Hörste, Kr. Lippe. Links ein jüngerer Giebelvorbau mit zusätzlichen Stallungen. (1984).

Abb. 197) Lippischer Bauernhof mit Haupthaus (rechts) und Altenteilerhaus, der sog. „Leibzucht" in Farmbeck, Kr. Lippe. Im Hintergrund ein jüngeres Scheunengebäude. (um 1930).

Abb. 198) Ansicht des lippischen Dorfes Langenholzhausen im Kalletal, Kr. Lippe. Dicht gedrängt stehen die Bauern- und Handwerkerhäuser um die Kirche. (um 1950)

Abb. 199) Speicher aus dem 18. Jahrhundert auf dem Hof Meier-Johann westlich von Bad Salzuflen in Oldinghausen, Kr. Herford. (1957)

Abb. 200) Speicher aus dem Jahre 1589 auf dem Hof Schulte Alpmann in Salzkotten-Scharmede, Kr. Paderborn. Eines der ältesten erhalten Fachwerkgebäude im Paderborner Land. (1926)

„Nirgends gibt es so rauchige Dörfer, so dachlükkige Hüttchen, als hier, wo ein ungestümes Temperament einen starken Teil der Bevölkerung übereilten Heiraten zuführt . . .“

Abb. 201) Straßenansicht eines Bauernhauses von 1783 in Willebadessen, Kr. Warburg. In dem alten Fachwerkhause wurde, wie die Reklameschilder zeigen, in den 30er Jahren eine Tankstelle eingerichtet. (1938)

Das Paderborner Land

Für die Bauernhäuser des 18. Jahrhunderts im Paderborner Land gelten wohl im großen und ganzen die Ausführungen des Predigers von Cölln zu den lippischen, rietbergischen und paderbornischen Bauernhäusern, die im vorangegangenen Kapitel schon ausführlich zitiert wurden. Die Bauernhäuser werden dort als dauerhaft, einfach und ihrer Bauaufgabe angemessen beschrieben und wie in Lippe fehlte auch im Paderborner Land im allgemeinen bis ins 19. Jahrhundert ein Schornstein als Rauchabzug für das offene Herdfeuer am Wohnende der Diele.

Die Schriftsteller des 18. und 19. Jahrhunderts kommen bei der Charakterisierung des Paderborner Bauern in allgemeinen zu einem schlechten Urteil. So meinte von Cölln 1784:

„Der Paderborner ist der roheste, über alle Vorstellung sinnlich, abergläubisch und intolerant... Ihre Kinder werden hart erzogen und laufen bey der rauhsten Witterung oft halb nackt herum. So bald es ihr Alter erlaubt, nehmen sie Theil an den Arbeiten des Hauses. Die Weber und Spinner gebrauchen sie zu ihrer Arbeit, und der Landmann beschäftigt sie mit Viehhüten.

Bildung des Geistes scheint ihnen im Ganzen etwas sehr überflüssiges zu sein. Schulanstalten halten sie größtentheils für eine Auflage, und haben die Vorstellung, als wenn ihre Kinder nur darum zur Schule gehen müßten, um den Schulmeister zu ernähren. Jedoch sind die Handwerker und Fabrikanten geneigter, ihre Kinder bilden zu lassen, als die großen Bauern und Meier...

Wohltätigkeit ist allerdings eine Provinzial-Tugend. Der Bettler findet allenthalben seine Herberge, und ihn gut behandeln ist Sitte. Selbst die stolzesten Bauern halten es für Ehre, einen Armen zu pflegen, zu reinigen und oft die eckelhaftesten Arbeiten an ihm zu verrichten. Wird ein geringer krank, so wird er allgemein verpflegt. Man schickt im Speise aus den

Abb. 202) Reich dekorierter Torbogen und beschnitzte Stichbalkenvorkragungen an einem Bauernhaus von 1614 in Neuenheerse, Kr. Warburg. (1959)

benachbarten Häusern, und macht sich Vergnügen draus, armen Kindern freye Kost zu geben. Ehrlichkeit ist immer noch Provinzialtugend. Es ist hier unauslöschliche Schande ein Dieb zu seyn. Auch ist hier die Anzahl eingezogener Diebe ungleich kleiner, als in den südlichen Gegenden Teutschlands.

Provinziallaster ist allerdings Unmäßigkeit, besonders Trunkenheit. Jedoch hat sich nach dem siebenjährigen Kriege, der auf die Sittlichkeit dieser Gegend sehr viel Einfluß hatte, vieles verändert. In meinem Kreise, der nicht klein ist, sind mir nur 3 Säuffer bekannt.

Bey dem landbauenden Volk ist ein unerträglicher Stolz gegen alle geringere. Sie fühlen zu sehr, daß sie den ersten Nahrungsstand haben. Die Meyer haben wahren Ahnenstolz, verheyraten nicht gern ihre Kinder auf Bauernhöfe, und ergrei-

Abb. 203) Gesamtansicht des obigen Hauses von 1614. Die Abseite links ist jüngeren Datums, rechts ist Brennholz aufgestapelt. (1959)

Abb. 204) Blick auf den Stallgiebel des Haupthauses auf dem Wasmanns-Hof in der Dorfbauerschaft bei Delbrück, Kr. Paderborn. (um 1930)

Abb. 205) Haupthaus vom Wasmanns-Hof in Delbrück. Nur der Giebel war mit Backsteinen ausgefacht, Die Seitenwände bestanden aus Lehmflechtwerk. (um 1930)

Abb. 206) Blick in die Flettküche auf dem Wasmanns Hof in Delbrück. Links der Durchgang zum Stallteil, in der Mitte die Pumpe und der Spülstein, rechts der Flettausgang mit zweiteiliger Haustür. (um 1930)

Abb. 207) Feuerstelle im Flett des Bauernhauses Wasmann in der Dorfbauerschaft von Delbrück, Kr. Paderborn. Unter dem alten Rauchfang stehen ein Waschkessel und eine Kochmaschine. (um 1930)

fen jede Gelegenheit, ihre Supersorität den andern fühlen zu lassen. Indeß haben viele den Titel Meyer, der in alter Zeit allerdings vielbedeutend war, usurpiret. Auf die Bildung der Meyerkinder müßte vorzüglich gesehen werden, weil sie vor andern einen größeren Wirkungskreis bekommen. Sie werden aber am allerwenigsten gebildet, weil die Meyerkinder aus sonderbarer Eitelkeit nicht gern unter die andern kommen, auch sich nicht gern mit den andern in eine Klasse stellen lassen. Dadurch wachsen sie isoliert auf, und viele gesellige Empfindungen bleiben ungeweckt. Diese Klasse des Volkes ist am steifsinnigsten auf ihr Recht, und hängt vor andern am Schlendrian der Vorwelt...“[101)]

Auch Annette von Droste Hülshoff kommt 1842 in ihren „Bildern aus Westfalen“ zu einem gradezu vernichtenden Urteil über die Paderborner Bauern, denn sie schreibt:

„Anders ist es im Hochstifte Paderborn, wo der Mensch eine Art wilder Poesie in die sonst ziemlich nüchterne Umgebung bringt und uns in die Abruzzen versetzen würde, wenn wir Phantasie genug hätten, jene Gewitterwolke für ein mächtiges Gebirge, jenen Steinbruch für eine Klippe zu halten. – nicht groß von Gestalt, hager und sehnig, mit scharfen, schlauen, tiefgebräunten und vor der Zeit von Mühsal und Leidenschaft durchfurchten Zügen, fehlt dem Paderbörner nur das brandschwarze Haar zu einem entschieden südlichen Aussehen. – Die Männer sind oft hübsch und immer malerisch, die Frauen haben das Schicksal der Südländerinnen, eine frühe übbige Blüte und ein frühes, zigeunerhaftes Alter.

„Die Männer sind oft hübsch und malerisch, die Frauen haben das Schicksal der Südländerinnen, eine frühe üppige Blüte und ein frühes, zigeunerhaftes Alter . . .“

Nirgends gibt es so rauchige Dörfer, so dachlückige Hüttchen, als hier, wo ein ungestümes Temperament einen starken Teil der Bevölkerung übereilten Heiraten zuführt, ohne ein anderes Kapital, als vier Arme und ein Dutzend zusammengebettelter und zusammengesuchter Balken, aus denen dann eine Art von Koben zusammengesetzt wird, eben groß genug für die Herdstelle, das Ehebett und allenfalls einen Verschlag, der den stolzen Namen Stube führt, in der Tat aber nur ein ungewöhnlich breiter und hoher Kasten mit einem oder zwei Fenstergläsern ist. – Besitzt das junge Paar Fleiß und Ausdauer, so mögen nach und nach einige Verschläge angezimmert werden; hat es ungewöhnlichen Fleiß und Glück zugleich, so dürfte endlich eine bescheidene Menschenwohnung entstehen, häufig aber lassen Armut und Nachlässigkeit es nicht hierzu kommen, und wir selbst sahen einen bejahrten Mann, dessen Gelaß zu kurz war, um ausgestreckt darin zu schlafen, seine Beine ein gutes Ende in die Straße recken.

Selbst der Roheste ist schlau und zu allen Dingen geschickt, weiß jedoch selten nachhaltigen Vorteil daraus zu ziehen, da sein Talent gar oft in kleinen Pfiffigkeiten, deren Ertrag er sofort vergeudet, erschöpft und sich dem Einflusse von Winkeladvokaten hingibt, die ihm über jeden Zaunpfahl einen Prozeß einfädeln, der ihn völlig aussaugt, fast immer zur Auspfändung und häufig von Haus und Hof bringt. Große Not treibt ihn zu großen Anstrengungen, aber nur bis das dringenste Bedürfnis gestillt ist, – jeder erübrigte Groschen, den der Münsterländer sorglich zurücklegen, der Sauerländer in irgend ein Geschäft stecken würde, wird hier am liebsten von dem Kind der Armut sofort dem Wirte und Kleinhändler zugetragen, und die Schenken sind meist gefüllt mit Glückseligen, die sich einen oder ein paar blaue Montage machen, um nachher wieder auf die alte Weise fortzuhungern und zu taglöhnern. – So verleben leider viele, obwohl in einem fruchtbaren Lande und mit allen Naturgaben ausgerüstet, die sonst in der Welt voran bringen, ihre Jugend in Armut und gehen einem elenden Alter am Bettelstabe entgegen...

Erhöhter Wohlstand würde einiges mildern, wären nicht Leichtsinn und die Leidenschaft, welche zuerst eine dürftige Bevölkerung zuwege bringen, deren geringes Einkommen Schenkenwirten und Winkeladvokaten zur Beute wird. – Dennoch kann man sich des Bedauerns mit einem Volke nicht enthalten, das, mit Kraft, Scharfsinn und Ausdauer begabt und im Besitze eines gesegneten Bodens, in so vielen seiner Glieder den traurigsten Verhältnissen anheimgefallen ist.“[102)]

Gegenüber diesem wohl sehr übertriebenen und allzu pauschalen Urteil der Droste versuchte Justus Gruner die Zustände im Paderborner Land näher zu ergründen und kam dabei zu dem Ergebnis, daß an den Mißständen im Fürstbistum Paderborn vor allem die rückständige Verfassung und Verwaltung schuld seien:

„Wenn die Natur in der Grafschaft Rietberg nur kärglich ihre segnenden Spuren zeigte, so trifft man sie desto häufiger im Bisthum Paderborn. Es enthält 54 Quadratmeilen Flächeninhalt, der meistens sehr fruchtbar und ergiebig ist. Seine vorzüglichsten Erzeugnisse sind Getreide, Hanf, Flachs und Wolle. Die bergigten Gegenden sind reich an Waldungen und guten Wiesen; daher auch die Viehzucht sehr einträglich ist, und neben dem Garnspinnen und Leinewandweberei die Beschäftigung der Einwohner ausmacht. Das Land wird von mehreren kleinen Flüssen durchschnitten und bewässert; es hat beträchtliche Mineral- und Salzquellen, und einige Striche desselben gehören zu den fettesten Westphalens, und – dennoch ist es arm, dennoch unglücklich. Auch hier überall die deutlichsten Spuren von Elend, Druck und Finsternis. Man erstaunt über den ärmlichen Aufzug der Landleute, die durch eine industrieuse Kultur ihres Bodens blühend und kräftig werden müßten. Zwar sind sie es mehr als ihre Nachbarn, die ich eben verlassen hatte, und man kann weniger sagen, daß positiver Druck sie treffe, als daß die Indolenz ihrer Regierung auf sie zurückwirkt. – Der Abgaben sind zwar nicht wenige, und manche, z.B. der Zehnte, sehr drückend; allein sie wären noch zu ertragen. Nur der gänzliche Mangel an Aufmunterung, Fürsorge und Staatsökonomie erstikt alle die natürlichen Aufforderungen zum Fleiß und Wohlleben. Wie die

Abb. 208) Das 1577 erbaute Haupthaus vom Valepagenhof in Delbrück gehört mit seinen reichen Zierschnitzereien zu den aufwendigsten ländlichen Fachwerkbauten des 16. Jahrhunderts in Westfalen. Heute im Freilichtmuseum Detmold. (1954, am alten Standort)

Abb. 209) Kleines Vier-Ständer-Bauernhaus aus der Zeit um 1800 in der Nähe von Delbrück, Kr. Paderborn. (1957)

Spanier, von den Segnungen der Natur umgeben, begnügen die Paderborner sich mit den mütterlichen Erzeugnissen derselben, ohne durch weise Kultur die Menge und den Werth ihrer Produkte zu erhöhen. Dazu trägt denn die Staatsverfassung vorzüglich bei.

Der Himmel mag es wissen, woher das Sprichwort: „Unter dem Krummstab ist gut wohnen!" entstanden ist. Ich kann den Grund desselben nur in der Bigotterie der Vorzeit, oder der Frömmigkeit damaliger geistlicher Regenten finden: denn wer den Zustand der meisten Bisthümer einigermaßen kennt, der wird es wissen, wie bedauerswerth gewöhnlich ihr Loos ist. Von einem Herrn regiert, der meistens das Land als eine Börse ansieht, aus der er sich selbst und die ihn Umgebenden nur während seines Lebens bereichern kann, sucht er (jeder Privatmann macht es mit einem temporär unterhabenden Gute ebenso) daraus zu schöpfen, so lange und so viel er kann: und es kümmert ihn nicht, daß der Beutel allmählig erschlafft, so lange er nur noch Etwas darin findet. Ganz ein Anderes ist es mit den weltlichen Fürstenthümern, die ein erbliches Eigenthum ihrer Regenten sind, bei denen daher weise Fürsorge und fleißige Industrie, durch die gegenseitige Idee von Vater- und Kinderpflichten, entstehen...

Paderborn drückt die Schwere des Krummstabs sichtlich hart, und aus leicht zu erklärenden Gründen... Darf man also wohl fragen: ob die Bauernklasse gedrückt ist? Nehme man zu diesem Druck das temporäre Unglück eines geizigen Fürsten, und die Menge von Klöstern, die ebenfalls mächtige Besitzungen und Einkünfte haben, welche der Schweiß des Landmanns hervorbringt, um ein todtes Kapital anzuhäufen; – die harten Folgen eines willkührlichen Leibeigenthums und einer höchst schlechten Justizpflege: so wird man es begreifen, daß das Land einer sehr weisen Staatsverwaltung bedürfe, um solchen Übeln entgegen zu streben, und ihnen unterliegen müsse, da es diese nicht hat.

Das Leibeigenthum, wie es in Westphalen existiert, ist in mancher Hinsicht bei weitem so nachtheilig nicht, als man gewöhnlich behauptet. Die Erfahrung beweist, daß leibeigene Bauern gewöhnlich wohlhabender sind, als freie, und daß freigelassene meistens mehr verderben als verbessern. Der Druck liegt vorzüglich in der Willkührlichkeit der Bestimmung der Abgaben. Sobald diese – wie z.B. im Preußigen theils geschehen ist, theils geschehen soll – aufgehoben wird, und der Bauer jährlich fixirte Lasten trägt, so kann er seine übrige Abhängigkeit nicht nur ertragen, sondern sie wird ihm sogar nützlich. Sie hindert ihn an Verschwendungen. Die gänzliche Aufhebung der Eigenbehörigkeit wäre eine offenbare Ungerechtigkeit gegen die Besitzer, und in mehrfacher Hinsicht ein Verderben des Staates. Aber gesetzliche Einschränkungen der Willkühr der Gutsherren sollte der erste Schritt zu seiner Verbesserung seyn. Fixirung der unbestimmten Gefälle, nach einem billigen gesetzlichen Maßstabe, würde allen Druck hemmen, und den Bauern zum sicheren und fleißigern Erwerb führen. Für die westphälischen Bisthümer, Paderborn insbesondere, ist dieser Schritt durchaus nothwendig, um zu einer höheren Kultur und besseren Industrie zu gelangen."[103)]

Abb. 210) Deelentor mit aufgemalten Säulen an einem Bauernhaus von 1799 in Löwendorf, Kr. Paderborn. Die Inschrift lautet: Got segne dies Haus, alle die gehen ein und aus. Bewahr es für Fear und Brand, und das ganze Vatterland... Casparus Pothast – Anna Maria Multhaup, den siebenten Junius 1799. (1965)

Abb. 211) Wohnteil des Haupthauses vom Wahmanns-Hof in Bochum-Querenburg. Der Kern des Hauses stammt noch aus dem 17. Jahrhundert, später wurde es aufgestockt, der Wohnteil (rechts) verlängert und zweigeschossig durchgebaut (1909)

Das Ruhrgebiet und die Hellwegzone

Das heutige Ruhrgebiet und die westlich angrenzende Gegend um Unna und Soest bildeten in vorindustrieller Zeit die ineinander übergehenden Hauslandschaften des mittleren und des westlichen Hellwegs. [104] Die fruchtbare Hellwegzone gehörte größtenteils zur preußischen Grafschaft Mark. Justus Gruner schreibt über diese Grafschaft:

„Sie theilt sich, wie das Herzogthum Westphalen, in den Hellweg und das Sauer- oder Süderland. Ersteres ist eine so schöne fruchtbare Ebene, wie Kleve, hat einen sehr guten Kleiboden, und ernährt dessen Bebauer, die viel Korn ausführen, und im reichen Wohlstand leben. Dieser wird noch durch die Steinkohlen- und Salzausfuhr vermehrt, wovon das letztere meist nach dem Dorfe Langschede gebracht wird, und dann auf der Ruhr nach Ruhrort, von dort aber auf dem Rhein nach Kleve, Mörs, Brabant, u.s.f. geht. Die Steinkohlen-Bergwerke ernähren ein paar tausend Bergleute und eben so viele Kohlentreiber, welche die Kohlen in Säcken auf Pferden ins Bergische durch das Gebirge transportiren. Mehr aber noch nützen sie zu den Salinen, wo Alles mit Steinkohlen versotten wird, und zum Betrieb der vielen Fabriken im märkischen Sauerlande... Die fruchtbare Fläche des Hellwegs ist freilich bei weitem nicht so anziehend als die romantischen Gebirgsparthieen – indeß herrscht auch hier derselbe thätige Geist des Fleißes, und ein durch die Natur begünstigter, leichterer und größerer Wohlstand. – Der Vertrieb der im Sauerlande produzirten Waaren, und die Durchfuhr der vielen deutschen Fabrikaten und Produkte nach dem Rhein und Holland, so wie der von dort dagegen zurücktransportirten Güter – verschafft, wie jeder Zwischenhandel, den Bewohnern des Hellwegs viele Vortheile, und sie verdanken dem nicht unbeträchtlichen Handel der Städte Iserlohn, Dortmund, u.s.f. einen bedeutenden Theil ihres Wohlstandes...
Das Gebiet der Stadt [Soest] ist ansehnlich, und ihre Börde zählt zehn sehr wohlhabende Kirchdörfer, unter denen sich Sassendorf, wegen seiner Saline, vorzüglich auszeichnet. Der Ursprung des Namens ist ungewiß; er bedeutet das geschloßene Gebiet der Stadt. Vielleicht kommt er von „Behörde" her. Sonderbar aber ist, daß die ebenfalls sehr fruchtbare Magdeburger Feldmarkung auch Börde heißt, und dieser Name sonst nicht vorkommt; doch hat man in Westphalen auch sogenannte Bördevögte, deren Namen auch sich auf einen geschlossenen Bezirk zu beziehen scheint."[105]

Die „Beschreibung des westphälischen Baurenhofes“ des Predigers F.C. Müller aus dem Jahre 1786 bezieht sich wohl im wesentlichen auf den Hellweg, denn Müller war zeitweise in Unna, später in Schwelm ansässig. Er schreibt über die Bauerhäuser seiner Heimat:

„Nichts ist aber einem Fremden auffallender, und nichts ist dem ohngeachtet in seiner Art vollkommener, als die Einrichtung eines westphälischen Bauernhauses. Es ist mit der Giebelseite der Straße zugekehret, steht aber nicht unmittelbar an derselben, sondern 20 bis 30 Schritte in den Hof hinein. An dieser Stelle erblickt man nichts, als ein großes Scheuerthor, das oben bogenförmig ausgeschnitten ist, und zu beyden Seiten desselben ein paar Stallthüren. Die Entree zum Hause geht über die Miststätte, die recht mit Vorsatz zwischen dem Schlagbaume (Heck) des Hofes und dem Hausthore angelegt ist. Wenn man ins Haus kommt, so erblickt man freylich noch weniger, was einer menschlichen Wohnung ähnlich sähe. Man kommt nemlich auf die Tenne (Deele) und sieht auf der einen Seite die Kühe und Schweine und auf der andern die Pferde. Hinten bemerkt man endlich eine Thüre, die in die Küche führt; diese hat weder Feuerheerd noch Rauchfang, sondern das Feuer brennt auf der nackten Erde, weswegen auch das ganze Haus inwendig sehr berußt und finster aussieht. Da nun die Küche das gewöhnliche Visitenzimmer der westphälischen Bauern ist, und einem Fremden gleich ein Stuhl beym Feuer geboten wird, so lernt derselbe das westphälische Bauernhaus gerade von der schlechtesten Seite kennen. Alles muß so zu sagen widrige Eindrücke auf ihn machen. Und daher mögen denn auch wohl die schlechten Abzeichnungen und Beschreibungen kommen, die man von dieser Art Häuser hin und wieder findet.

Sulzer wünschte in seiner Reise nach Nizza, daß man zur bessern Kenntnis der Land- und Lebensart mancher Gegenden Abzeichnungen von Häusern machen und sammlen möchte. Ich glaube deswegen, daß eine genaue und zuverlässige Abbildung eines westphälischen Bauernhauses vielen Lesern, besonders Liebhabern

„. . . Und man kann überhaupt von einem westfälischen Bauernhause keine deutlichere und richtigere Beschreibung geben, als wenn man sagt, daß es zugleich Haus und Scheuer in der vorteilhaftesten Verbindung sey . . .“

der Oekonomie, sehr angenehm und lehrreich seyn werde. Man theilet das westphälische Baurenhaus in zwey Theile (oder Enden). Das eine, welches die Tenne (Deele) und die Stallungen enthält, heißt das Deelenende, und das andere, in welchem sich die Küche nebst den Wohn- und Schlafstuben befindet, heißt das Küchenende. Jenes ist die Scheuer, und dieses das Wohnhaus. Und man kann überhaupt von einem westphälischen Baurenhause keine deutlichere und richtigere Beschreibung geben, als wenn man sagt, daß es zugleich Haus und Scheuer in der vortheilhaftesten Verbindung sey.

Die Deele als die Hauptwerkstätte des Bauern, ist sehr geräumig. Ein langer Erndtewagen, mit vier davor gespannten Pferden, muß darinnen Raum haben. Sie wird zugleich als Speisesaal bey großen Gastereyen (Hochzeiten) gebraucht, dergleichen die Bauern bey manchen Anlässen, z.B. Verheiratungen, Kindtaufen, Gebäudeaufrichtungen und dergleichen anzustellen pflegen, und wobei gemeiniglich mehrere hundert Menschen zusammen kommen, die aber den Gastgeber durch beträchtliche Geschänke (Giften) entschädigen, und öfters bereichern. Der Boden der Deele ist mit kleinen Backsteinen sehr künstlich und fest gepflastert, wodurch das Dreschen sehr gefördert wird.

Von der Deele aus kann alles Vieh gefüttert werden. Denn dasselbe kehrt die Köpfe der Deele zu, und wird nur durch die Krippen davon getrennet. Ueber den Viehställen sind die Hexelböden. Von diesen gehen hölzerne Trichter in die Krippen, so daß es mit dem Futter gar keines Hin- und Hertragens bedarf.

Das Thor, welches die Deele nach der Hofseite verschließt, (die Nienthür) ist nicht unmittelbar an der äußern Wand des Hauses, sondern 8 bis 10 Fuß einwärts. Dadurch entsteht ein offner Platz, welcher der Vorschoppe genennt wird. Vermittelst dieses Vorschoppens ist nicht allein das Thor vor dem Schlagregen geschützt, sondern es kann auch das während dem Dreschen beyseite gelegte leere Stroh so lange trocken liegen, bis es wieder auf den Boden gebracht werden kann.

Neben dem Vorschoppen am Pferdestall ist die Geschirrkammer, worinn das Pferdezeug und allerley kleine

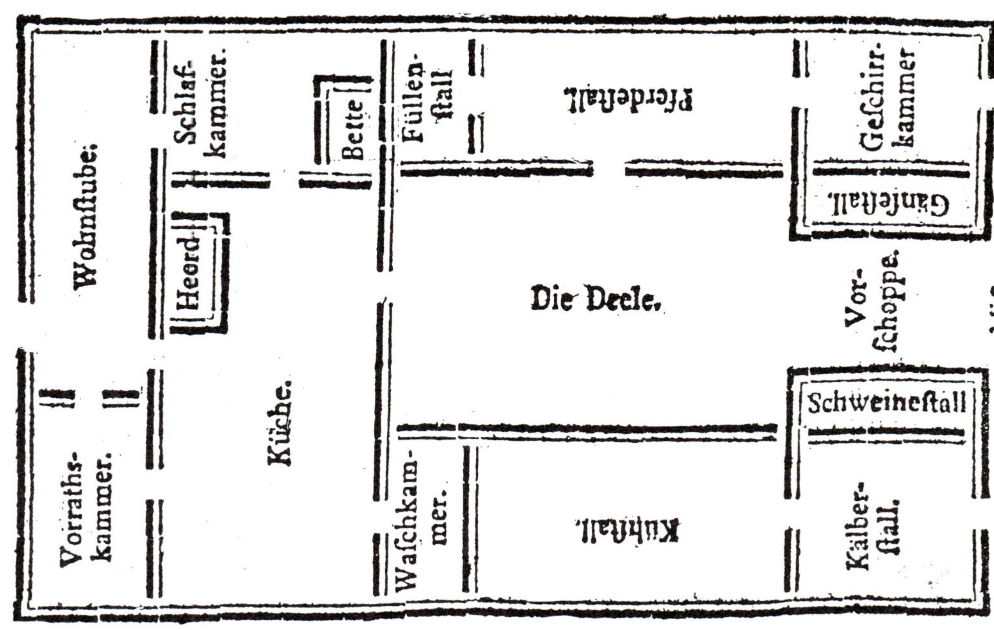

Abb. 212) Abbildung eines westfälischen Bauernhauses am Hellweg nach F.C. Müller, 1786.

Abb. 213) Blick auf die Deele eines Bauernhauses von 1733 in Dortmund Grevel; rechts die Pferdeställe, links der Durchgang zum Wohnteil. (1959)

Abb. 214) Blick auf die Deele des Bauernhauses Hidding-Segering von 1793 in Dortmund Grevel; links die Pferdeställe, oben die Luke zum Dachboden. (1959; siehe auch Abb. 222)

Ackergeräthschaft aufbewahret wird, damit man vom Hofe aus unmittelbar dazu kommen könne und nicht lange im Hause herumzulaufen brauche. Ueber der Geschirrkammer ist die Schlafkammer für die Knechte, aus welcher dieselben des Nachts nicht allein alles beobachten können, was auf dem Hofe vorgeht, sondern auch unmittelbar auf den Hexelboden kommen, und die Pferde füttern können.

Die Ställe haben zwey Eingänge, einen von der Deele, und den andern neben der Einfahrt, oder dem Vorschoppen. Blos durch den letztern wird das Vieh aus- und eingetrieben, damit es stets über die Miststätte (den Fald) gehen und den Mist festtreten müsse. Aus dieser Ursache bleibt auch der Mist unmittelbar vor dem Hause liegen, weil man dafür hält, daß er durch die beständige Passage über denselber weit eher in Fäulnis gerathe und sich verbessere.

Auch noch aus einem andern Grunde sind alle Eingänge in die schmale Seite des Hauses verlegt. Nemlich bey Feuersgefahr macht das brennende und herabschießende Dach die breite Seite meistentheils unzugänglich. Der Giebelseite aber kann man bis zuletzt beykommen. Man wird deswegen auch finden, daß der Bauer bey Feuersbrünsten sein Vieh und beste Sachen meistentheils rettet.

Abb. 215) Zimmertür mit einem sog. „Kannenbord" im Bauernhaus Trappmann in Dortmund-Asseln. (1958)

Die Wohnstube ist gleich hinter dem Heerde, um von demselbigen noch einige Wärme zu genießen, welches vermittelst einer in die Wand gesetzten eisernen Platte geschieht, gegen welche das Feuer brennet. Doch ist neben dieser Platte noch ein besondrer Ofen, und die Platte wird meistentheils nur dazu gebraucht, um kleine Wäsche darneben trocknen zu können. Die Stube ist ebenfalls geräumig und hell, aber sehr niedrig, weil über derselben noch eine angebracht ist, worauf die Schränke und Kisten und dergleichen befindlich sind. Aus derselben geht eine Thüre auf den Hof, um bey Feuersgefahr so viel als möglich retten zu können.

Unmittelbar an der Wohnstube ist die Schlafkammer, aus welcher man auch in die Küche kommen kann. Das Bette hat in derselben eben die vortheilhafte Stellung, als der Heerd in der Küche. Man kann in demselben alles hören, was im ganzen Hause vorgeht, und wenigstens die Küche und Deele ganz übersehen, zu welchem Behufe kleine Fenster angebracht sind.

An der andern Seite stößt die Vorrathskammer (Provisekammer) an die Wohnstube, worinn Brod, Fleisch, Gemüse u.s.f. aufbewahrt wird, und unter dieser Kammer ist der Keller.

Was das Küchenende oder eigentliche Wohnhaus betrifft, so ist dasselbe in aller Absicht eben so vortheilhaft angelegt, als das Deelende. Die Küche als die Werkstätte der Frau, stößt unmittelbar an die Deele, und ist gleichsam das Centrum des ganzen Hauses. Aus ihr kann sie nicht allein unmittelbar in alle Zimmer und Abtheilungen kommen, sondern sie auch sogar, wenn sie auf dem Stuhle vor dem Feuer sitzt, übersehen. Aus der Küche führet eine Thür auf den Hof, und diese ist die eigentliche Hausthür (Oberthür). Gleich vor derselben ist der Brunnen und der Gemüsegarten, welcher sich größtentheils ebenfalls aus der Küche übersehen läßt. Das Feuer brennet auf der bloßen Erde, um sich desto besser bey demselben wärmen und die Töpfe aus- und abhängen zu könne. Ueber demselben ist zwar ein von Brettern zusammengeschlagener Rauchfang (Busen), aber kein ei-

Abb. 216) Felix Drochtert holt Wasser aus dem Ziehbrunnen seines Hofes in der Nähe von Kirchhellen, Kr. Recklinghausen. (1956)

gentlicher Schornstein. Aus demselben tritt der Rauch in eine Kammer, und aus dieser findet er seinen Ausgang durch einige fensterähnliche Oeffnungen. Daher kommt es nun, daß das Haus sehr berußt aussieht. Denn weil der Rauch über die Rauchkammer keinen starken Zuge hat, so tritt er öfters zurück und erfüllt das ganze Haus. Diesem Umstande hat man den Wohlgeschmack der westphälischen Schinken zu verdanken. Sie werden mehr von der Luft, als von dem Rauche getrocknet, oder wenigstens ist der Rauch schon erkaltet, ehe er sie umhüllet. So gefährlich nun aber auch eine Küche ohne Schornstein zu seyn scheinet, so ist doch die Gefahr wirklich eben dadurch vermindert. Von einem Feuer, das ohne Schornstein brennet, fliegen die Funken bey weitem so hoch nicht auf. Der Schornstein hingegen zieht sie bis zu einer beträchtlichen Höhe, da sie denn in der Ruskruste sitzen bleiben und Entzündungen verursachen. Dies würde bey dem Bauernhaus nun desto gefährlicher seyn, weil es unter dem Dache beständig mit Stroh und Heu angefüllt ist, auch der Schornstein so bequem nicht gereinigt werden könnte, als der Rauchboden, den der Bauer, wenn nöthig ist, mit dem Besen abfegt.

Noch befindet sich an der Küche eine besondere Abtheilung, welche die Waschkammer genannt wird. In dieser wird das Küchengeschirr abgewaschen und aufbewahret. Auch stehn darinnen die Fäßer oder steinerne Behälter für das Spülicht und den Viehtrank.

Ueber der Waschkammer befindet sich die Schlafkammer für die Mägde, damit diese nicht allein hören können, was im Kuhstall vorgeht, sondern auch von den Knechten desto abgesonderter seyn. Denn wenn außer der Hausthüre noch die Thür zwischen der Küche und Deele verschlossen wird, so ist diese Gemeinschaft abgeschnitten, und die Herrschaft kann über dies den Zugang zu ihrer Kammer aus ihrem Bette beobachten.

Ueber der Schlafkammer und Vorrathskammer befinden sich gewöhnlich die Boden für das reine Korn (Bühnen), es pflegen aber auch der-

Abb. 217) Küchenwand mit vier nebeneinanderliegenden Türen im Bauernhaus Meßling aus dem Jahre 1821 in Dortmund Brackel. (1959)

Abb. 218) „Plumps-Klo" mit Kindersitz aus dem 19. Jahrhundert auf dem Hof Heinrichsbauer in Lünen-Eversum, Kr. Unna. (1963)

gleichen zuweilen über den Ställen zu seyn, in welchem Fall sie Hillen genannt werden.

Endlich über das ganze Haus geht der sehr geräumige Boden (Balken), der bloß zur Niederlage des ungedroschenen Getreides, Strohes und Heues gebraucht wird. Dieser Balken wird durch das Dach gebildet, das eine beträchtliche Höhe hat. Es wird bloß von den Umfassungswänden getragen, und hat nirgends aufrecht stehende Säulen, weil sich die Mäuse und Ratten daran herunterarbeiten und sich in dem Stroh einnisteln würden. Um diesen schädlichen Thieren desto weniger Eingang zu gestatten, sind auch die Giebel nicht ausgemauert, sondern bloß mit Brettern zugenagelt, wodurch über dies das Haus desto besser vor dem Schlagregen beschützt wird Auch ist der Ganze Balken mit Brettern belegt.

Durch das große Dach bekommt das Haus ein sonderbares Ansehn. Es scheinet fast nichts als Dach zu seyn. Der Rumpf ist kaum 10 bis 12 Fuß hoch. Aber wie wohlfeil und dauerhaft wird nicht dadurch das Haus? Die Aufgabe, wie man mit den wenigsten Baumaterialien den größten Raum auf die wohlfeilste, bequemste und dauerhafteste Art einschließen könne, ist hierdurch völlig gelöst.

Die Breite ist bey den meisten Häusern gleich, nemlich, daß die Deele und zu beyden Seiten die Ställe Raum haben, wozu gemeinlich 30 bis 40 Fuß erfordert werden. Die Länge oder Tiefe des Hauses richtet sich aber nach der Größe des Hofes. Die Schultenhäuser sind gemeiniglich 80 bis 100 Fuß lang.

Wenn das Haus zu klein ist, so befindet sich noch eine Scheuer (Spicker) auf dem Hofe. In dieser aber wird nicht gedroschen, sondern das Korn wird aus derselben zum Dreschen auf die Deele des Hauses gebracht.

Die übrigen Gebäude sind außer der schon beschriebenen Leibzucht ein kleines Häusgen zum Backen und Brauen in einer beträchtlichen Entfernung vom Wohnhause, ein Schoppen für die Wagen und Pflüge, und viele Bauern haben auch ihre eigne Schmiede und Zimmerwerkstatt."[106]

Abb. 219) Kleines Bauernhaus aus der Zeit um 1800 in Gladbeck-Voßwiese, Kr. Recklinghausen. Rechts jüngere Schweineställe, im Vordergrund wird Brennholz zerkleinert. (1965)

Abb. 220) Querdurchfahrtsscheune von 1823 auf dem Bauernhof Henner in Dortmund-Brechten. (1959)

Abb. 221) Freistehender Backofen auf dem Hof Steinberg in Kirchhellen-Lehmschlenke, Kr. Recklinghausen. Der Ofen wurde bis 1939 zum Backen benutzt. (um 1940)

Abb. 222) Ein reich dekoriertes Hellweg-Bauernhaus von 1793 auf dem Hof Hidding-Segering in Dortmund-Brackel. Jetzt im Freilichtmuseum Detmold. (1959, am alten Standort; siehe auch Abb. 214)

Abb. 223) Schlichter Fachwerkgiebel von 1753 auf dem Hof Raul in Dortmund-Bodelschwingh. Vor dem Haus steht eine zweirädrige sog. „Sturzkarre". (1959)

Abb. 224) Kötterhaus Schlüter von 1755 in Sythen-Stockwiese bei Haltern, Kr. Recklinghausen. Vor dem Wirtschaftsgiebel zwei angebaute Kübbungen für zusätzliche Stallungen. (1965)

Abb. 225) Hofeinfriedrung aus senkrecht gestellten Platten von Raseneisenstein an einem Gehöft in Hullern bei Haltern, Kr. Recklinghausen. (1934)

Abb. 226) Märkisches Bauernhaus mit steinernen Umfassungswänden aus dem Jahre 1683 in Kierspe, Kr. Altena, 1906 abgebrochen. (um 1890)

„Der Landmann hat zwar einige ökonomische Bequemlichkeiten; aber desto mehr wird die Bildung seines Geistes gehindert. Er wird rauher und ungesitteter . . .
Man hat daher Beyspiele, daß 18 bis 20 jährige Knaben und Mädchen, welche in entfernten Gegenden weit von den Städten leben, noch nicht lesen können . . .“

Das Märkische Sauerland

Das Märkische Sauerland umfaßt den westlichen Teil des Süderberglandes, also das Gebiet um Hagen, Iserlohn, Schwelm und Lüdenscheid. Diese unter preußischer Herrschaft stehende Region im südwestlichen Westfalen wandelte sich schon im 18. Jahrhundert von einem Agrarland zu einem stark gewerblich geprägten Gebiet der Eisenverarbeitung, an der auch die einheimischen Bauern beteiligt waren. Justus Gruner zeigte sich im späten 18. Jahrhundert stark beeindruckt von den expandierenden Gewerbebetrieben in der zerklüfteten Berglandschaft und notierte in seinem Reisebericht:

„... die Grafschaft entzückt durch ihre hohe Kultur und durch ihre abwechselnden, mannichfachen äußeren Naturschönheiten. Diese kräftige, blühende Provinz ist gleich interessant durch ihre reizenden Thäler, durch ihre fruchtbaren Felder, durch ihre köstlichen Wiesen, wie

Abb. 227) Bauernhaus aus dem 16. Jahrhundert aus der Nähe von Meinerzhagen in Klüppelberg, Rheinisch-Bergischer Kreis, mit steilem Walmdach und weit vorkragenden Giebeln. (um 1900)

durch die unbegrenzte Industrie ihrer Bewohner. Sie theilt sich, wie das Herzogthum Westphalen, in den Hellweg und das Sauer- oder Süderland... In diesem ist die Industrie auf denselben hohen erstaunenswürdigen Grad gestiegen, wie im Bergischen. Auch in den märkischen Gebirgen lebt überall ein reges Getreibe, ein ewiges Hämmern, Rasseln, Stampfen und tausenderlei Getörse des unaufhörlichen Fleißes und Erwerbes. – Der Durchfluß der Lippe, Ruhr, der an sich kleinen, aber rauschenden Lenne, der Vollme, des Baches Emscher und selbst der von den Gebirgen herabstürzenden und sorgfältig zusammengeleiteten Bergwasser, nebst der Nähe der Eisenwerke im Siegen- und Dillenburgischen, der eignen Gallmeigruben bei Iserlohn, der Kupferwerke im Herzogthum Westphalen, und dem eignen Besitz der Steinkohlen – haben wahrscheinlich zuerst die Anlage der hiesigen, vielen Metallfabriken veranlaßt. Gewiß kann man wenigstens diese natürlichen Vortheile nicht glücklicher, passender und erfolgreicher benutzen, als hier

Abb. 228) Märkisches Fachwerkhaus des 18. Jahrhunderts in Oestrich, Kr. Iserlohn. Vor dem Stallgiebel verschiedene Arbeitsgeräte, u.a. eine Sturzkarre und eine Kornfege. Links an das Haus ist ein kleiner Abort angebaut. (um 1900)

Abb. 229) Bauernhaus aus dem 17. Jahrhundert auf dem Hof Bubbecke bei Werdohl, Kr. Altena. Rechts der Eingang zum Wohnteil, davor ein Pferdegöpel zum Antrieb mechanischer Arbeitsgeräte. Links Einfahrtstor und Abort. (1914)

Abb. 230) Bauernhaus aus dem 17. Jahrhundert in der Nähe von Ohle, Kr. Altena. Im Vordergrund wohl das Backhaus, unter den Bäumen vermutlich ein kleiner „Haferkasten". (1909)

geschieht. Eine Menge von Eisenhütten, Hammerwerken, Eisen-, Messing-, Draht-, Nähnadel-, Sensen-, Stecknadel-, Panzer-, Osemund und kleiner Eisenwaaren-Fabriken liegen überall in den engen Thälern verborgen, und erfüllen es mit lebendigem Geräusch. Jede Stadt, jeder kleine Distrikt hat meistens besondere Fabriken; überall, wohin man kommt, erblickt man andere Arten der Metall-Bearbeitung, und es ist eine schöne Unterhaltung, diese Fabrikation durch alle ihre Nüancen zu verfolgen und zu beobachten. In Neuenrade, Lüdenscheid und der dortigen Gegend wird das rohe Eisen zuerst mittelst einer künstlichen schnellen Bearbeitung zu einem weicheren, geschmeidigen Stoffe gemacht, den man Osemund heißt. Dieser kommt nach Altena, und hier, so wie zu Iserlohn, wird er zu Draht gezogen und in weitere Details, Stabeisen, Näh-, Stecknadeln u.s.f. verarbeitet. Bei Iserlohn hat man auch Messinghütten, aus deren Produkten nachher Knöpfe, Schnallen und dergleichen fabriziert wird. Auch Stahlhämmer existiren in bedeutender Menge, vorzüglich im Altenaischen und auf der Emperstraße – kurz! ich glaube kaum, daß es eine Art Metallfabrikation gibt, welche nicht hier gekannt und im Gange wäre. Dadurch entsteht denn eine allgemeine Regsamkeit, und nicht nur die vielen Fabrikarbeiter, sondern auch eine Menge anderer Einwohner werden hiervon in Nahrung und Wohlstand versetzt.

Die Bauern aus der Mark holen das Roheisen in den dreieckigen Gosen, worin es aus den Nassauischen Schmelzhütten kommt, und fahren es nach den benachbarten Osemundhämmern, die hart auf der Grenze liegen; diese haben also dadurch einen einträglichen Erwerbszweig. – Die Osemundhämmer selbst ernähren wieder andere Bauern, welche Eigenthümer dieser Osemundhämmer sind, eigene Magazine haben, aber gemeinschaftlich unter Einander so lange schmieden, als der Antheil eines Jeden dauert, der denn auch sein Eigenthum bleibt, was er jedoch nicht unbedingt verkaufen darf, indem die märkischen Unterthanen den nöthigen Osemund auf die Drahtzüge zu Altena liefern müssen, und nur das dann übrig Bleibende exportiren dürfen, welches

Abb. 231) Fachwerkhaus mit bruchsteinernem Mauersockel in Herscheid, Kr. Altena. Das Einfahrtstor wurde im 19. Jahrhundert zu einer Haustür verkleinert. Rechts am Haus eine Hühnerleiter. (1968)

Abb. 232) Ländliche Siedlungen im Oestertal, Kr. Altena. Im Vordergrund Oesterau, links anschließend Lettmecke und Kückelheim, im Hintergrund das Ebbegebirge. (1969)

Abb. 233) Kotten in Wengern-Esborn, Kr. Ennepe-Ruhr. Im Vordergrund rechts wird eine sog. „Bergmannskuh“, eine Ziege, gehütet. (vor 1914)

Abb. 234) Gartenszene vor einem Bauernhaus in Dumberg, Kr. Ennepe-Ruhr, links der Wohnteil mit großen Fenstern, rechts der Stallteil. (um 1900)

aber noch immer sehr beträchtlich bleibt... Wahrlich! was man auch von der Schweiz und ihren Gebirgsbewohnern rühmen und dichten mag: man hat nicht Ursache, ein solches stilles, zufriedenes, thätiges Völkchen außerhalb Deutschlands Grenzen zu suchen. Hier, im südlichen Theile der Grafschaft Mark findet ihr es, zwar unberühmt und unbesungen, aber besingens- und rühmenswert , umgeben von einer Natur, gleich jener in den Schweizer Gebiergen, kunstreich, fleißig und kräftig, wie im gepriesenen Brittanien."[107)]

Über die Bauernhäuser des Märkischen Sauerlandes äußert sich ein anonymer Autor im „Neuen westphälischen Magazin" von 1790 wie folgt:
„Die Wohnung des märkischen Landmanns ist ein Haus mit Scheune der gestalt verbunden, daß solches ein Ganzes ausmacht. Eine getreue Abbildung hat dieses Magazin davon geliefert. [vgl. die Ausführungen des F.C. Müller im Kapitel zum Hellweg] Freylich sind die Wohnungen nicht alle von der Art. Oft sind sie kleiner; in diesem Fall hat der Landmann noch einen Spieker oder Scheune nebst seinem Hause. Ist er nur ein halber Bauer oder Kötter, so ist er sehr eingeschränkt und hat wenig Raum.

Nicht selten trifft man die Häuser einzeln stehend an. Der Landmann hat dann zwar einige ökonomische Bequemlichkeiten; aber desto mehr wird die Bildung seines Geistes gehindert. Er wird rauher und ungesitteter; seine Kinder treiben das Vieh und müssen den Unterricht der Dorfschulen entbehren. Man hat daher, besonders im Süderlande, Beyspiele, daß 18 bis 20jährige Knaben und Mädchen, welche in entfernten Gegenden weit von den Städten leben, noch nicht lesen können.

Der Landmann in der Grafschaft Mark kennt keine anderen Zusammenkünfte, als wo geschmauset wird. Dazu geben Hochzeiten, Kindtaufen und Hausheben Gelegenheit... Die Gastmahle bey Hausheben werden in der Absicht veranstaltet, damit der Bauherr wegen seiner angewandten Baukosten durch eine freywillige Gabe entschädiget werde. Meistentheils wird dieser Zech an demselben

Abb. 235) Ländlicher Gasthof „Auf'm Bruch" in Ober-Elfringhausen, Kr. Ennepe-Ruhr. Das Gebäude war gleichzeitig Bauernhaus und Gasthaus. (um 1920)

Abb. 236) Märkisches Bauernhaus in Bülbering bei Voerde, Kr. Ennepe-Ruhr. Das Fachwerkhaus aus dem 17. Jahrhundert steht auf einem hohen, massiven Mauersockel. Der Wohnteil rechts wurde im 19. Jahrhundert verschiefert und neu gestaltet. (um 1920)

Abb. 237) Verschiedene Nebengebäude auf dem Hof Oberlünenschlops in Stücker, Kr. Ennepe-Ruhr. Im Hintergrund das Haupthaus. (1958)

Abb. 238) Backhaus aus dem 18. Jahrhundert „Im Schlaa" am Wixberg zwischen Iserlohn und Altena. Blick von der Rückseite auf den Schornstein, (um 1960)

Tage gegeben, wo man das Haus oder ein anderes Gebäude aufrichten (heben) läßt. Es geht dabei wie auf den Hochzeiten her. Wenn das Gebäude steht und die Sperrhölzer aufgerichtet sind, so bringen die Mädchen der Nachbarschaft oder des Hauses einen Kranz, welchen der Zimmergeselle in die höchste Spitze des Hauses aufhängen und zugleich eine Rede halten muß, worin das löbliche Zimmerhandwerk gerühmt, mitunter auch manche Unanständigkeit gesagt wird. Der Geselle bekommt ein Glas Wein oder Brantwein, welches mit Brennesseln umwunden ist, damit er sich beym Austrinken die Nase brenne. In diesem Glas ist ein Stück Geld für ihn zum Geschenk. Das ausgeleerte Glas wirft er hinunter, welches dann von den Anwesenden aufgefangen und als eine Seltenheit aufbewahrt wird. Auch bekommt der Geselle den im Kranze aufgehangenen Schnupftuch. Der Bauherr muß den ersten Zapfen ins Loch schlagen, wozu ihm vom Zimmermeister der Hammer gereicht wird. Diese Operation kostet den Bauherrn ein Geschenk..."[108]

Zur rechtlichen Stellung der Märkischen Bauern schreibt Justus Gruner:

„Die bürgerliche Lage der hiesigen Landleute ist so gut als irgendwo im übrigen Westphalen. – Sie können von keiner Willkührlichkeit gedrückt, von keiner Habsucht belastet, von keiner Ungerechtigkeit mißhandelt werden. Im Kleve- und Märkischen existiert kein Leibeigenthum; der Bauer ist frei, wie jeder übrige Bürger – was er erwirbt, ist sein Eigenthum; seine Abgaben sind durch Gesetz und Verträge bestimmt... Die königlichen Domainenämter und die adelichen Höfe enthalten nur die zu den Häusern gehörigen Grundstücke oder Hofsraten; die Bauernhöfe hingegen gehören zwar zum Theil den adelichen Gütern, sind jedoch keine Pertinenzien derselben, sondern besondere freie Güter, und manche unter ihnen ein Eigenthum des geistlichen oder bürgerlichen Standes; wenige unter ihnen gehören aber auch den sie bewohnenden Bauern selbst... Jeder Bauer steht lediglich unter dem Gesetz, wie jeder andere Bürger, und es findet schlechterdings keine persönliche Pflicht derselben, welcher Art sie auch sey, statt. Zwar gibt es, in Hinsicht der unterhabenden Güter, verschiedene Bauernklassen, Eigene, Erbzinsleute und Pächter, welche verschiedene Pflichtleistungen haben; allein alle sind bestimmt, und ihre Veränderung beruht lediglich auf der gänzlichen Uebereinstimmung beider Partheien."[109]

Abb. 239) Ganz aus Holz gezimmerter Haferkasten von 1592(?) auf dem Potthoffs Hof in Blankenstein-Holthausen, Kr. Ennepe-Ruhr. (um 1950?)

Abb. 240) Ganz aus Holz zusammengefügter und mit Steinplatten gedeckter Haferkasten aus dem Jahre 1665 auf dem Funkenhof in Hagen-Vorhalle. (1969)

Abb. 241) Gute Stube im Bauernhaus Dörnen bei Breckerfeld, Kr. Ennepe-Ruhr. (um 1960)

Abb. 242) Wohnstube im Bauernhaus Dörnen bei Breckerfeld, Kr. Ennepe-Ruhr. (um 1960)

Abb. 243) Blick auf die Deele im Bauernhaus „Oberste Barrenberg", Kr. Ennepe-Ruhr, mit zweiteiliger Tür zur Küche. (1958)

Abb. 244) Getriebenes Messing-Türschild von 1784 auf dem Reidemeisterhof Voßwinkel in Kierspe, Kr. Altena. (1952)

Abb. 245) Bauernhof Zarges in Bredenscheid, Kr. Ennepe-Ruhr. Links das Haupthaus, rechts die Scheune. (1958)

Abb. 246) Bauernhof des kurkölnischen Sauerlandes im Dorf Niedersalwey, Kr. Meschede. Das Fachwerkhaus aus dem 18. Jahrhundert steht auf einem hohen, bruchsteinernen Mauersockel. Das Dach ist mit Schieferplatten gedeckt. (um 1935)

„Hier offenbart sich der Mangel an Kultur und Industrie am deutlichsten. Nirgends ist der Fleiß und die Bebauung sichtbar, die man in den Gebirgsgegenden des Herzogthums Berg und der Grafschaft Mark antrifft . . .“

Das Kurkölnische Sauerland

Dieses Gebiet im östlichen und südlichen Sauerland gehörte als sogenanntes „Herzogtum Westfalen“ bis 1803 zum Erzbistum Köln. Ein Reisender des späten 18. Jahrhunderts schreibt über diese Region:

Leider gleicht das Land großentheils dem Zustande seiner Hauptstadt [Arnsberg]; und wenn es gleich bei weitem nicht so verschrieen zu werden verdient, als es unter dem allgemeinen Namen des „köllnischen Sauerlandes“ ist, so kann doch auch eine getreue Beschreibung seines gegenwärtigen Zustandes keine angenehmen kosmopolitischen Gefühle wecken, wenn es nicht die Hoffnung thut, daß die bevorstehende Veränderung der öffentlichen Organisation und Verwaltung auch hier einen sehr wohlthätigen Einfluß auf das allgemeine Wohl äußern werde...

Abb. 247) Bauernhaus aus dem Jahre 1741 in Enlinghausen bei Kohlhagen, Kr. Olpe. Dieses Haus zeigt einen für das kurkölnische Sauerland charakteristischen Giebel mit ornamentaler Fachwerkdekoration, hier aus Kopf- und Fußstreben mit einem sog. Karniesprofil (1901)

Abb. 248) Bauernhaus aus dem Jahre 1785 in Kirchveischede, Kr. Olpe. Im Giebeldreieck eine jüngere Luke und ein Aufzugrad: So konnte der Dachboden von außen beladen werden. (um 1955)

Ihr etwa 70 Quadratmeilen umfassender Flächeninhalt ist freilich verschiedenen Gehaltes; allein gehörig benutzt, würde das Ganze eben so kräftig und blühend seyn können, als das Herzogthum Berg und die Grafschaft Mark. Der bergigste Theil des Landes, der durch seinen kalten und steinigten Gebirgsboden zum Ackerbau nicht geeignet, und eben daher jetzt meist öde, schlecht bebauet und eine kärgliche Nahrungsquelle armer Bewohner ist, trägt reiche Schätze an Kupfer, Eisen und Blei in sich, das zwar auch ausgeführt wird, jedoch in weit größerer Quantität gewonnen und mit dem größten Vortheil bearbeitet werden könnte, da die Menge von Flüssen, die Ruhr, die Diemel, die Lippe und Lenne, welche das Land durchfließen, die beste Gelegenheit zu Manufaktur-Anlagen und leichter Kommunikation darbieten, welche man aber jetzt unbenutzt läßt. Ein anderer Theil des Landes, den man Haarstrang nennt, und der seinen Namen von dem Gebirge führt, an welchem her er sich zieht, hat ziemlich guten Boden, der aber auch nicht so benutzt wird, als er könnte...

Industrie ist den neunzig- bis hunderttausend Einwohnern dieses Landes eine gänzlich unbekannte Sache, wie die elende Benutzung ihrer Quellen hinreichend beweiset. – Nirgends ist das Leibeigenthum weniger wahrhaft drückend, sondern vielmehr in der That wohlthätig, als hier, im Herzogthume Westphalen. Hier ist der Eigenbehörige ein Erbpächter; er bezahlt keine unbestimmten Gefälle, sondern nur einige billige, nie zu erhöhende Kolonialabgaben, und genießt dabei eine, zwar nicht absolute, aber doch eventuelle Freiheit vom Soldatenstande: denn nur zur Erfüllung seiner Reichsständischen Obliegenheiten darf der Landesfürst Soldaten ausheben; und der verstorbene Kurfürst Maximilian hat auch von diesem Rechte nur einmal während seiner Regierung, in dem dringenden Falle bei Stellung des Quintupli im

Abb. 249) 1904 entdeckte der damalige Landeskonservator Ludorff dieses Bauernhaus von 1752 mit dekorativen Fachwerkfiguren im Giebeldreieck in Obernkirchen, Kr. Meschede. Die Inschriften nennen als Bauherrn Johann Bernhard Himmelreich und seine Frau Helena Padberg. Vor dem Haus haben sich die Kinder aus der Nachbarschaft versammelt, für die eine Photographie damals sicher noch eine Sensation bedeutete. (1904)

letzten Reichskriege gegen Frankreich, Gebrauch davon gemacht... So wird dieses Leibeigenthum der Kultur des Staates offenbar vortheilhaft, und würde sich in einem andern Lande noch viel deutlicher und richtiger zeigen, als hier, wo der Wohlstand die reicheren Bauern, statt zu einer besseren Wirthschaft, nur zum unmäßigen Luxus hinreißt, und der von der Natur weniger begünstigte Theil in den Gebirgsgegenden desto ärmer ist. Hier offenbart sich der Mangel an Kultur und Industrie am deutlichsten. Nirgends ist der Fleiß und die Bebauung sichtbar, die man in den Gebirgsgegenden des Herzogthums Berg und der Grafschaft Mark antrifft. Die Waldungen werden vernachlässigt; die Gemeinheiten sind ungetheilt; die Berge sind größtentheils öde Felsen; die Thäler sumpfig und schlecht benutzt..."[110)]

Annette von Droste Hülshoff zeigte sich in ihren „Bildern aus Westfalen" gleichermaßen beeindruckt von der wildromantischen Berglandschaft wie von den Gewerbebetrieben im Westteil des Süderberglandes:

„Der Sauerländer rühmt sich eines glorreichen Ursprungs seiner Benennung – „dieses ist mir ein saures Land geworden", soll Karl der Große gesagt haben – und wirklich, wenn wir uns durch die mit Felsblöcken halb verrammelten Schluchten des Binnenlandes Winden, unter Wänden her, deren Unersteiglichkeit wir mit schwindelndem Auge messen, und aus denen sich kolossale Balkone strecken, breit und fest genug, eine wilde Berghorde zu tragen, so zweifeln wir nicht an der Wahrheit des Worts, mag es nun gesagt seyn oder nicht. – Das Gebirge ist wasserreich, und in den Thalschlünden das Getöse der niederrauschenden und brodelnden Quellen fast betäubend, wogegen der Vogelsang in den überhandnehmenden Fichtenwaldungen mehr und mehr erstirbt, bis wir zuletzt nur Geier und Habichte die Felszacken umkreisen sehen, und ihre grellen Diebspfeifen sich hoch in der Luft antworten hören. - Ueberall starren uns die schwarzen Eingänge der Stollen, Spalten und Stalaktitenhöhlen entgegen, deren Senkungen noch zum Theil nicht ergründet sind, und an die sich Sagen von Wegelagerern, Berggeistern und verhungerten Verirrten knüpfen... In diesem Style nimmt die Landschaft immer an Wildheit zu, zuletzt Klippen bietend, auf denen man schon verirrte Ziegen hat tagelang umherschwanken sehen, bis die Zackenform der Berge allmählich kahlen Kegeln weicht, an de-

Abb. 250) Gesamtanlage des Schulzenhofes Geiecke in Heiminghausen bei Berghausen, Kr. Meschede. Haupthaus aus dem späten 18. Jahrhundert. Die Nebengebäude wurden nach dem Zweiten Weltkrieg unter baupflegerischen Aspekten in regionaltypischer Fachwerkbauweise erneuert. (1952)

nen noch wohl im hohen Mai Schneeflecke lagern, deren Baumwuchs fast gänzlich eingeht, und endlich bei „Winterberg" die Gegend nur noch das Bild trostloser Oede beut, – kahle Zuckerhutformen, an denen hier und dort ein Fleckchen magerer Hafersaat mehr gilbt als grünt...

Einzelne Dörfer im tiefsten Gebirge sind noch strohdachig und verfallen genug, die meisten jedoch, nett wie alle Fabrikorte, erhalten allein durch die schwarze Schieferbekleidung und die mit Steinplatten beschwerten Dächer, die man hier der Rauhigkeit des Climas entgegensetzen muß, einen schwachen Anstrich von Ländlichkeit, und nur die Kohlenbrenner in den Waldungen, die bleichen Hammerschmiede vor ihren Höllenfeuern, und die an den Stollen, mit Lederschurz und blitzendem Bleierz auf ihrem Kärrchen aus- und einfahrenden Bergknappen geben der Landschaft hier eine passende Staffage."[111]

Abb. 251) Bauernhaus aus dem Jahre 1770 in Vinnentrop bei Dorlar, Kr. Meschede. (1935)

Abb. 252) Lohndrescherei mit einem Motordrescher im Dorf Welschen-Ennest in der Nähe von Kirchhundem, Kr. Olpe. Das Gebäude im Hintergrund ist in der holzsparenden Fachwerkbauweise des späten 19. Jahrhunderts errichtet. Unter dem Abdach kann auch bei schlechtem Wetter gedroschen werden. (um 1916)

Das Siegerland und das Wittgensteiner Land

Mit seinem südlichsten Zipfel, dem Siegener- und Wittgensteiner Land, reicht Westfalen über die Südgrenze des niederdeutschen Hallenhauses bis in das Gebiet des mitteldeutschen Ernhauses hinein. Hier bildete sich im 18. und 19. Jahrhundert ein sehr charakteristisches Mischgebiet von Hallen- und Ernhäusern heraus[112)]. Während für das Hallenhaus die längsgerichtete, befahrbare Diele kennzeichnend ist, liegen beim Ernhaus Wohnteil, Stallteil und Scheune in Querrichtung aneinandergereiht und jeder Teil des Hauses wird hier für sich durch eine eigene Tür von der Traufseite her erschlossen. Der flurartige Ern führt in die dahinterliegende Küche. An der einen Seite des Ern liegen die Kammern und die Wohnstube, an der anderen Seite die Stallungen. Im Siegerland gibt es nun verschiedene Mischformen zwischen Ernhaus und Hallenhaus. So findet man in den nördlichen Dörfern Hallenhäuser, die statt eines Einfahrtstores zur Diele nur eine kleine Tür aufweisen, was sicher auf den Einfluß des Ernhauses zurückzuführen ist. Die Ernte mußte hier von außen, in große Tücher verpackt, mit einem Aufzug auf den Dachboden befördert werden. Im südlichen Siegerland kennt man aber neben den voll ausgeprägten Ernhäusern mit seitlichen Türen auch solche, bei denen der Stall- und der Scheunenbereich durch traufseitig angeordnete Einfahrtstore erschlossen ist. So zeigen sich diese Ernhäuser deutlich vom Hallenhaus beeinflußt.

Auch in der Fachwerkgestaltung zeigt das Siegerland einige Züge des südlich angrenzenden hessischen Fachwerkbaus. Am deutlichsten zeigen dies die Strebefiguren des sogenannten „Wilden Mannes", bei denen ein senkrechter Ständer mit zwei Kopf- und zwei Fußstreben ausgesteift ist, so daß das Bild eines Mannes mit gespreizten Armen und Beinen entsteht.

Über das Leben in einem Siegerländer Bauerndorf in der zweiten Hälfte des 18. Jahrhunderts berichtet der unter seinem Pseudonym „Heinrich Stilling" bekannte Siegerländer Bauernsohn Johannes Heinrich Jung [-Stilling] in seiner autobiographischen „Lebensgeschichte". Einleitend beschreibt er darin den großelterlichen Hof im Dörfchen Tiefenbach:

„In Westphalen liegt ein Kirchsprengel in einem sehr bergichten Landstriche, auf dessen Höhen man viele kleine Grafschaften und Fürstenthümer übersehen kann. Das Kirchdorf heißt Florenburg; die Einwohner aber haben von Alters her einen großen Eckel vor dem Namen eines Dorfs gehabt, und daher, ob sie gleich auch von Ackerbau und Viehzucht leben müßen, vor den Nachbarn, die bloße Bauren sind, immer einen Vorzug zu behaupten gesucht, die ihnen aber auch dagegen nachsagten, daß sie vor und nach den Namen Florendorf verdrängt und an dessen Statt Florenburg eingeführet hätten. Dem sey aber wie ihm wolle, es ist wirklich ein Magistrat daselbst, dessen Haupt zu meiner Zeit Johannes Henrikus Scultetus war. Ungeschlachte, unwissende Leute nannten ihn außer dem Rathause Meister Hanns, hübsche Bürger pflegten doch wohl Meister Schulde zu sagen.

Eine Stunde von diesem Orte südostwärts liegt ein kleines Dörfchen Tiefenbach, von seiner Lage zwischen Bergen so genannt, an deren Fuße die Häuser zu beiden Seiten des Wassers hängen, das sich aus den Thälern von Süd und Nord her just in die Enge und Tiefe zum Fluß hinsammelt. Der östliche Berg heißt der Giller, geht steil auf, und seine Fläche nach Westen gekehrt, ist mit Maibuchen dicht bewachsen. Von ihm ist eine Aussicht über Felder und Wiesen, die auf beyden Seiten durch hohe verwandte Berge gesperrt wird. Sie sind ganz mit Buchen und Eichen bepflanzt, und man sieht keine Lücke, außer wo manchmal ein Knabe einen Ochsen hinauf treibt und Brennholz auf halbgebahntem Wege zusammenschleppt.

Unten am nördlichen Berge, der Geissenberg genannt, der wie ein Zuckerhut gegen die Wolken steigt, und auf dessen Spitze Ruinen eines alten Schlosses liegen, steht ein Haus, worinnen Stillings Eltern und Voreltern gewohnt haben.
Vor ohngefähr dreißig Jahren lebte noch darinn ein ehrwürdiger Greis, Eberhard Stilling, ein Bauer und Kohlenbrenner. Er hielt sich den ganzen Sommer durch im Walde auf, und brannte Kohlen; kam aber wöchentlich einmal nach Hause, um nach seinen Leuten zu sehen, und sich wieder auf eine Woche mit Speisen zu versehen. Er kam gemeiniglich Sonnabends Abends, um den Sonntag nach Florenburg in die Kirche gehen zu können, allwo er ein Mitglied des Kirchenraths war. Hierinnen bestunden auch die mehresten Geschäfte seines Lebens. Sechs großgezogene Kinder hatte er, wovon die zween ältesten Söhne, die vier jüngsten aber Töchter waren."

Seine eigentliche Biographie beginnt Jung-Stilling mit der Brautwerbung seiner Eltern. Dabei schildert er die Atmosphäre im großelterlichen Hause kurz vor der Hochzeit seines Vaters.
„Margaretha Stillings hatte schon ihre Töchter zu Bette gehen lassen. Ein Stück Pfannenkuchen stund für ihren Ebert auf einem irdenen Teller in der heißen Asche; sie hatte auch noch ein wenig Butter dazu gethan. Ein Kümpchen mit gebrockter Milch stund auf der Bank, und sie begann zu sorgen, wo ihr Mann wohl so lange bleiben möchte. Indem rasselte die Klinke an der Thür, und er trat herein. Sie nahm ihm seinen leinenen Queersack von der Schulter, deckte den Tisch und brachte ihm sein Essen. Jemini, sagte Margrethe, der Wilhelm ist noch nicht hier. Es wird ihm doch nicht etwa Unglück begegnet seyn. Sind auch wohl Wölfe hier herum? Hat sich wohl, sagte der Vater, und lachte: denn das war so seine Gewohnheit, er lachte oft hart wenn er ganz allein war.

Der Schulmeister, Wilhelm Stilling, trat hierauf in die Stube. Nachdem er seine Eltern mit einem guten Abend gegrüßt, setzte er sich auf die Bank, legte die Hand an den Backen, und war tiefsinnig. Er sagte lange kein Wort. Der alte Stilling stocherte seine Zähne mit einem Messer, denn das war so seine Gewohnheit nach Tische zu thun, wenn er auch schon kein Fleisch gegessen hatte...

Wilhelm kam auf seine Kammer, an welcher nur ein Laden war, der aber eben so genau nicht schloß, daß nicht so viel Tag hätte durchschimmern können um zu wissen, ob man aufstehen müsse. Dieses Fenster war noch offen, daher trat er an dasselbe, es sah gerade gegen den Wald hin, alles war in tiefer Stille, nur zwo Nachtigallen sangen wechselweise auf das allerlieblichste...

Nie hat jemand sanfter geschlafen als der Schulmeister. Sein inniges Vergnügen weckte ihn des Morgens früher als sonst. Er stund auf, ging heraus in den Wald, und erneuerte alle seine heilige Vorsätze die er je in seinem Leben sich vorgenommen hatte. Um sieben Uhr gieng er wieder nach Haus, und aß mit seinen Eltern und Schwestern die süße Milchsuppe, und ein Butterbrod. Nachdem sich nun der Vater zuerst, hernach auch der Sohn den Bart abgemacht, die Mutter aber mit den Töchtern sich berathschlaget, wer unter ihnen zu Hause bleiben, und wer in die Kirche gehen sollte, so zog man sich an. Dieses alles war in einer halben Stunde geschehen; sodann gingen die Töchter vor, darnach Wilhelm, und zu hinterst der Vater mit seinem dicken Dornenstocke. Wenn der alte Stilling mit seinen Kindern ausging, so mußten sie allemal vor ihm gehen, damit er, wie er zu sagen pflegte, den Gang und die Sitten seiner Kinder sehen und sie zur Ehrbarkeit anführen könnte."

Später beschreibt er die Neuerungen im Hause, die durch die Heirat und den Einzug seiner Eltern eintraten. Dabei erwähnt er unter anderem interessante Details über die Sitzordnung in der Wohnstube seines Elternhauses:

„Eberhard Stilling und Margrethe, seine eheliche Hausfrau erlebten nun

Abb. 253) Voll beladener Erntewagen auf der Dorfstraße in Müsen, Kr. Siegen. Vor dem Wagen sind Rinder angespannt. An der Straße steht ein Dorfbauernhaus aus dem Jahre 1757 mit reichen Strebefiguren im Fachwerkgiebel. Der Dachboden wird durch die Luke im Dachausbau außerhäusig, d. h. von außen, beladen. (um 1955)

eine neue Periode in ihrer Haushaltung. Da war nun ein neuer Hausvater und eine neue Hausmutter in ihrer Familie entstanden. Die Frage war also: Wo sollen diese beide sitzen, wenn wir speisen? – Um die Dunkelheit im Vortrag zu vermeiden, muß ich erzählen, wie eigentlich Vater Stilling seine Ordnung und Rang am Tische beobachtete. Oben in der Stube war eine Bank von einem eichenen Bret längs der Wand genagelt, die bis hinter den Ofen reichte. Vor dieser Bank dem Ofen gegen über stund der Tisch, als Klappe an die Wand befestigt, damit man ihn an dieselbe aufschlagen konnte. Er war aus einer eichenen Diele von Vater Stilling selbsten ganz fest und treuherzig ausgearbeitet. An diesem Tisch saß Eberhard Stilling oben an der Wand, wo er durch das Brett befestigt war, und zwar vor demselben. Vielleicht darum hatte er sich diesen vortheilhaften Platz gewählt, damit er seinen linken Ellenbogen auf das Bret stützen, und zugleich ungehindert mit der rechten Hand essen könnte. Doch davon ist keine Gewißheit, denn er hat sich nie in seinem Leben deutlich darüber erkläret. An seiner rechten Seiten vor dem Tisch saßen seine vier Töchter, damit sie ungehindert ab und zu gehen könnten. Zwischen dem Tisch und dem Ofen hatte Margrethe ihren Platz; eines Theils weil sie leicht fror, und andern Theils damit sie füglich über den Tisch sehen konnte, ob etwa hier oder dort etwas fehlte. Hinter dem Tisch hatten Johann und Wilhelm gesessen, weil aber der eine verheyrathet war, und der andere Schule hielt, so waren diese Plätze leer, biß jezo, da sie dem jungen Ehepaar, nach reiflicher Ueberlegung, angewiesen wurden.

Über den Tagesablauf, wie er ihn als kleiner Junge unter der Obhut seines früh verwitwerten Vaters im Hause seiner Großeltern erlebte, schreibt Jung-Stilling:

„Die ganze Beschäftigung dieses Mannes ging während dieser Zeit dahin, mit seinem Schneiderhandwerke seine Bedürfnisse zu erwerben; (denn er gab für sich und sein Kind wöchentlich ein erträgliches Kostgeld ab an seine Eltern) und dann, alle Neigungen seines Herzens, die nicht auf die Ewigkeit abzielten, zu dämpfen; endlich aber auch seinen Sohn in eben den Grundsätzen zu erziehen, die er sich als wahr und festgegründet eingebildet hatte. Des Morgens um vier Uhr stund er auf, und fing an zu arbeiten; um sieben weckte er seinen Henrichen, und beym ersten Erwachen erinnerte er ihn freundlich an die Gütigkeit des Herrn, der ihn die Nacht durch von seinen Engeln bewachen lassen. Danke ihm dafür, mein Kind! sagte Wilhelm, indem er den Knaben ankleidete. War dieses geschehen, so muste er sich in kaltem Wasser waschen, und dann nahm ihn Wilhelm bei sich, schloß die Kammer zu, und fiel mit ihm vor dem Bette auf die Knie, und betete mit der größten Inbrunst des Geistes zu Gott, wobei ihm die Thränen oft häufig zur Erde flossen. Dann bekam der Junge sein Frühstück, welches er mit einem Anstand und Ordnung verzehren muste, als wenn er in Gegenwart eines Prin-

Abb. 254) Giebel mit Zierschnitzereien an einem Fachwerkhaus aus dem nördlichen Siegerland in Netphen, Kr. Siegen. Statt eines großen Einfahrtstores besitzt es nur eine Haustür, der Dachboden wird von außen durch eine Luke beladen. (um 1950)

zen gespeiset hätte. Nun muste er ein kleines Stück im Catechismus lesen, und vor und nach auswendig lernen; auch war ihm erlaubt, alte anmuthige und einem Kinde begreifliche Geschichten, theils geistliche, theils weltliche, zu lesen, als da war: der Kaiser Oktavianus mit seinem Weib und Söhnen; die Historie von den vier Haymons Kindern; die schöne Melusine und dergleichen. Wilhelm erlaubte niemalen dem Knaben mit andern Kindern zu spielen, sondern er hielt ihn so eingezogen, daß er im siebten Jahr seines Alters noch keine Nachbars Kinder, wohl aber eine ganze Reihe schöner Bücher kannte. Daher kam es denn, daß seine ganze Seele anfing sich mit Idealen zu belustigen; seine Einbildungskraft ward erhöht, weil sie keine andere Gegenstände bekam, als idealische Personen und Handlungen. Die Helden alter Romanzen, deren Tugenden übertrieben geschildert wurden, setzten sich unvermerkt, als so viel nachahmungswürdige Gegenstände in sein Gemüth feste, und die Laster wurden ihm zum größesten Abscheu; doch aber, weil er beständig von Gott und frommen Menschen reden hörte, so wurde er unvermerkt in einen Gesichtspunkt gestellt, aus dem er alles beobachtete. Das erste wornach er fragte, wenn er von jemand etwas las oder reden hörte, bezog sich auf seine Gesinnung gegen Gott und Christentum. Daher, als er einmal Gottfried Arnolds Leben der Altväter bekam, konnte er gar nicht mehr aufhören zu lesen, und dieses Buch, nebst Reizens Historie der Wiedergebohrnen, blieb sein bestes Vergnügen in der Welt, bis ins zehnte Jahr seines Alters; aber alle diese Personen, deren Lebensbeschreibungen er las, blieben so fest in seiner Einbildungskraft idealisirt, daß er sie nie in seinem Leben vergessen hat.

Am Nachmittag, von zwo bis drei Uhr, oder auch etwas länger lies ihn Wilhelm in den Baumhof und Geisenberger Wald spatzieren; er hatte ihm daselbst einen Distrikt angewiesen, den er sich zu seinen Belustigungen zueignen, aber über welchen er nicht weiter ohne Gesellschaft seines Vaters hinausgehen durfte. Diese Gegend war nicht größer, als Wilhelm aus seinem Fenster übersehen konnte, damit er ihn nie aus den Augen verlieren möchte. War denn die gesetzte Zeit um, oder wenn sich auch ein Nachbars Kind Henrichen von weiten näherte, so pfif Wilhelm,

Abb. 255) Sog. „Ernhaus" aus dem Bereich des südlichen Siegerlandes. An dem traufseitig erschlossenen Gebäude liegen nebeneinander der Scheunenteil (links), der Stallteil (Mitte) und der Wohnteil (rechts). (um 1950)

und auf dieses Zeichen war er den Augenblick wieder bei seinem Vater.

Diese Gegend, Stillings Baumhof und ein Strich Waldes, der an den Hof gränzte, wurde von unserm jungen Knaben also täglich bei gutem Wetter besucht, und zu lauter idealistischen Landschaften gemacht. Da war eine egyptische Wüste, in welcher er einen Strauch zur Höle umbildete, in welche er sich verbarg und den heiligen Antonius vorstellte, betete auch wohl in diesem Enthusiasmus recht herzlich. In einer andern Gegend war der Brunn der Melusine; dort war die Türkei, wo der Sultan und seine Tochter, die schöne Marcebilla, wohnten; da war auf einem Felsen das Schloß Montalban, in welchem Reinold wohnte u.s.w. Nach diesen Oertern wallfahrte er täglich, kein Mensch kann sich die Wonne einbilden die der Knabe daselbst genoß; sein Geist floß über, er stammelte Reimen und hatte dichterische Einfälle. So war die Erziehung dieses Kindes beschaffen bis ins zehnte Jahr."

Zu den jährlich wiederkehrenden Arbeiten auf einem Siegerländer Bauernhof gehörte auch das regelmäßige Ausbessern des Strohdaches, eine gefährliche Arbeit, bei der sich häufig Unglücke ereigneten. Durch einen solchen Unfall kam auch der Großvater Jung-Stillings zu Tode:
„Ein altes Herkommen, dessen ich (wie vieler andern) noch nicht erwähnt, war; daß Vater Stilling alle Jahr selbsten ein Stück seines Hausdaches, das Stroh war, eigenhändig decken muste. Das hatte er nun schon acht und vierzig Jahr gethan, und diesen Sommer sollt es wieder geschehen. Er richtete es so ein, daß er alle Jahr so viel davon neu deckte, so weit das Roggenstroh reichte, das er für dies Jahr gezogen hatte.
Die Zeit des Dachdeckens fiel gegen Michaelstag, und rückte nun mit Macht heran; so daß Vater Stilling anfing darauf zu Werk zu legen. Henrich war dazu bestimmt ihm zur Hand zu langen, und also wurde die lateinische Schule auf acht Tage ausgesetzt. Margrethe und Mariechen hielten täglich in der Küche geheimen Rath, über die bequemsten Mittel wodurch er vom Dachdecken zurückgehalten werden möchte. Sie beschlossen endlich beide, ihm ernstliche Vorstellungen zu thun, und ihn vor Gefahr zu warnen; sie hatten die Zeit während dem Mittagessen dazu bestimmt.

Abb. 256) Fachwerkgestaltung durch Kombination von langen und kurzen Fußstreben an einem Bauernhaus aus dem Jahre 1813 im Wittgensteiner Land. Die Inschrift nennt als Bauherrn Johann Georg Krämer und dessen Sohn mit ihren Ehefrauen Liesegertraud und Annagertraud sowie als Zimmermeister Johann Jost Scheffel. Berghausen, Kr. Wittgenstein. (1968)

Margrethe brachte also eine Schüssel Muß, und auf derselben vier Stücke Fleisches, die so gelegt waren, daß ein jedes just vor den zu stehen kam, für den es bestimmt war. Hinter ihr her kam Mariechen mit einem Kumpen voll gebrockter Milch. Beyde setzten ihre Schüsseln auf den Tisch, an welchem Vater Stilling und Henrich schon an ihrem Ort sassen, und mit wichtiger Mine von ihrer nun Morgen anzufangenden Dachdeckerei redeten. Denn, im Vertrauen gesagt, wie sehr auch Henrich auf Studieren, Wissenschaften und Bücher verpicht seyn mochte, so wars ihm doch eine weit größere Freude, in Gesellschaft seines Großvaters, zuweilen entweder im Wald, auf dem Feld oder gar auf dem Hausdach zu klettern; denn dieses war nun schon das dritte Jahr, daß er seinem Großvater als Diakonus bei dieser jährlichen Solennität beygestanden.

Es ist also leicht zu denken, daß der Junge herzlich verdrüßlich werden muste, als er Margrethens und Mariechens Absichten zu begreifen anfieng...

Margrethe und Mariechen sagten noch ein und das andere, aber er achtete nicht drauf, sondern redete mit Henrichen von allerhand die Dachdeckerei betreffenden Sachen; daher sie sich zufrieden gaben und sich das Ding aus dem Sinne schlugen.
Des andern Morgens stunden sie frühe auf, und der alte Stilling fing an, während daß er ein Morgenlied sang, das alte Stroh loszubinden und abzuwerfen, womit er denn diesen Tag auch hübsch fertig wurde; so daß sie des folgenden Tages schon anfingen das Dach mit neuem Stroh zu belegen; mit einem Wort, das Dach ward fertig, ohne die mindeste Gefahr oder Schreck dabei gehabt zu haben; ausser daß es noch einmal bestiegen werden muste, um starke und frische Rasen oben über den First zu legen. Doch damit eilte der Stilling so sehr nicht; es gingen wohl noch acht Tage über, eh es ihm einfiel dies letzte Stück Arbeit zu verrichten...

Indessen stieg Vater Stilling mit dem Rasen das Dach hinauf. Henrich schnitzelte an einem Hölzchen; indem er darauf sah, hörte er ein Gepolter; er sah hin, vor seinen Augen wars schwarz wie die Nacht – Lang hingestreckt lag da der theure liebe Mann unter der Last von Leitern, seine Hände vor der Brust gefalten; die Augen starrten, die Zähne klapperten und alle Glieder bebten, wie ein Mensch im starken Frost. Henrich warf eiligst die Leitern von ihm, streckte die Arme aus, und lief wie ein Rasender das Dorf hinab und erfüllte das ganze Thal mit Zeter und

Jammer. Margrethe und Mariechen hörten im Garten kaum halb die Seelzagende kenntliche Stimme ihres geliebten Knaben; Mariechen that einen hellen Schrei, rung die Hände über dem Kopf und flog das Dorf hinauf. Margrethe strebte hinter ihr her, die Hände vorwärts ausgestreckt, die Augen starrten umher; dann und wann machte ein heiserer Schrei der beklemmten Brust ein wenig Luft. Mariechen und Henrich waren zuerst bei dem lieben Manne. Er lag da, lang ausgestreckt, die Augen und der Mund waren geschlossen, die Hände noch vor der Brust gefalten, und sein Odem ging langsam und stark, wie bey einem gesunden Menschen der ordentlich schläft; auch bemerkte man nirgend daß er blutrüstig war. Mariechen weinte häufige Thränen auf sein Angesicht und jammerte beständig: Ach! mein Vater! mein Vater! Henrich saß zu seinen Füßen im Staub, weinte und heulte. Indessen kam Margrethe auch hinzu; sie fiel neben ihm nieder auf die Knie, faßte ihren Mann um den Hals, rief ihm mit ihrer gewohnten Stimme ins Ohr, aber er gab kein Zeichen von sich. Die heldenmüthige Frau stund auf, faßte Muth; auch war keine Thräne aus ihren Augen gekommen. Einige Nachbarn waren indessen hinzugekommen; vergossen Alle Thränen, denn er war allgemein geliebt gewesen. Margrethe machte geschwind in der Stube ein niedriges Bette zurecht; sie hatte ihre beste Betttücher, die sie vor etlich und vierzig Jahren als Braut gebraucht hatte, übergespreitet. Nun kam sie ganz gelassen heraus, und rief: Bringt nur meinen Eberhard herein aufs Bett! Die Männer faßten ihn an, Mariechen trug am Kopf, und Henrich hatte beide Füße in seinen Armen; sie legten ihn aufs Bett und Margrethe zog ihn aus und deckte ihn zu. Er lag da, ordentlich wie ein gesunder Mensch der schläft.

Nun wurde Henrich beordert nach Florenburg zu laufen, um einen Wundarzt zu holen. Der kam auch denselben Abend, untersuchte ihn, ließ ihm zur Ader und erklärte sich, daß zwar nichts zerbrochen sey, aber doch sein Tod binnen dreyen Tagen gewiß seyn würde, indem sein Gehirn ganz zerrüttet wäre."

Ein anderer Unfall, bei dem Jung-Stilling beinahe selber zu Tode gekommen wäre, ereignete sich in einem großen Bauernhaus, in dem er zeitweilig als Hauslehrer des Hof- und Eisenhüttenbesitzers Steifmann tätig war:

„Doch trug sich einsmalen etwas zu, das ihn leiht das Leben hätte kosten können, wenn ihn der gütige Vater der Menschen nicht sonderlich bewahrt hätte. Er mußte sich des Morgens selbsten Feuer in den Ofen machen; als er nun einmal kein Holz fand, so wollte er sich etwas holen; nun war über der Küchen her eine Rauchkammer, wo man das Fleisch räucherte, und zugleich das Holz trocknete. Die Dreschtenne stieß an die Küche, und von dieser Tenne ging eine Treppe nach der Rauchkammer. Es waren just sechs Taglöhner am Dreschen. Henrich lief die Treppe hinauf, machte die Thür auf, aus welcher der Rauch, wie eine dicke Wolke, herauszog; er ließ die Thür offen, that einen Sprung nach dem Holz, griff etliche Stücke, indessen wirbelte einer von den Dreschern auswendig die Thür zu. Der arme Stilling gerieth in Todesangst, der Rauch erstickte ihn, es war stockfinster da, er wurde irre, und wußte nicht mehr, wo die Thür war. In diesem erschrecklichen Zustand that er einen Sprung gegen die Wand, und traf just gerade gegen die Thür, dergestalt, daß der Wirbel zerbrach, und die Thür aufsprung. Stilling stürzte die Treppe herunter bis auf die Tenne, wo er betäubt und sinnlos hin-

Abb. 257) Dörfliches Fachwerkhaus aus dem Jahre 1887 in Alchen, Kr. Siegen. Die Frontseite zeigt das typische riegellose Fachwerk des späten 19. Jahrhunderts im Siegerland. Der flache Dreiecksgiebel („Frontspitze") über der Bodenluke („Aflaring") geht auf den Einfluß klassizistischer Baukunst zurück. Bis auf die Fassade sind alle Außenwände verschiefert. Vor den Stubenfenstern ein Fensterbrett mitTopfblumen, darunter die Hundehütte. Hinter dem Haus der Abort und der Schweinestall. Im Hintergrund die neu erbaute Dorfschule. (1904)

gestreckt lag. Als er wieder zu sich selbst kam, sahe er die Drescher nebst Herrn Steifmann um sich stehen, und aus vollem Halse lachen. Des sollte doch der T... nicht lachen! sagte Steifmann. Dieses ging Stillingen durch die Seele. Ja! antwortete er, der lacht würklich, daß er endlich einmal seines Gleichen gefunden hat. Das gefiel seinem Patron außerordentlich, und er pflegte wohl zu sagen: das sey das erste und auch das letzte gescheute Wort gewesen, das er von seinem Schulmeister gehört habe."

Am Ende seiner Jugenderinnerungen berichtet Jung-Stilling, wie nach dem Tode seines Großvaters ein Onkel den Hof übernahm und dabei allerlei Neuerungen einführte. Für die Geschwister und für Jung-Stilling war nun die Zeit gekommen, entweder als Gesinde auf dem Hof zu bleiben, oder vom Hof abzuziehen, wie dies für die nachgeborenen Geschwister auf den westfälischen Bauernhöfen allgemein üblich war:

„Vater Stilling war zu den ruhigen Wohnungen seiner Voreltern hingegangen, und in seinem Hause ruhte alles in trauriger Todesstille. Seit mehr als hundert Jahren hatte eine jede Holzart, ein jedes Milchfaß, und jedes andere Hausgeräthe, seinen bestimmten Ort, der vom langen Gebrauch glatt und polirt war. Ein jeder Nachbar und Freund, aus der Nähe und Ferne, fand immer alles in gewohnter Ordnung; und das macht vertraulich. – Man trat in die Hausthür, und war daheim. – Aber nun hieng alles öd und still; Gesang und Freude schwiegen, und am Tisch blieb seine Stelle leer; niemand getrauete sich, sich hinzusetzen, bis sie Henrich endlich einnahm, aber er füllte sie nur halb aus...

Die Haushaltung konnte auf dem Fuß, so wie sie jetzt stund, nicht lange bestehen, deswegen forderte die alte Mutter ihren Eidam Simon mit seiner Frauen Elisabeth wieder nach Haus. Denn sie hatten an einem andern Ort Haus und Hof gepachtet, so lange der Vater lebte. Sie kamen mit ihren Kindern und Geräthe, und übernahmen das väterliche Erbe; alsbald wurde alles fremd, man brach eine Wand der Stube ein, und baute sie vier Fuß weiter in den Hof. Simon hatte nicht Raum genug, er war kein Stilling – und der eichene Tisch voll Segen und Gastfreiheit, der alte biedere Tisch, wurde mit einem gelben ahornenen, voller verschlossener Schubladen verwechselt; er bekam seine Stelle auf dem Balken hinter dem Schornstein. – Henrich wallfahrtete zuweilen hin, legte sich neben ihn auf den Boden, und weinte. Simon fand ihn einmal in dieser Stellung, er fragte: Henrich! was machst du da? Dieser antwortete: ich weine um den Tisch. Der Oheim lachte, und sagte: Du magst wohl um ein altes eichenes Bret weinen! Henrich wurde ärgerlich, und versetzte: dieses Gewerbe dahinten, und diesen Fuß da, und diese Ausschnitte am Gewerbe hat mein Großvater gemacht, – wer ihn lieb hatte, kann das nicht zerbrechen. Simon wurde zornig, und erwiederte: er war mir nicht groß genug, und wo sollt ich denn den meinigen lassen? Ohm! sagte Henrich, den solltet ihr hierher gestellt haben, bis meine Großmutter todt ist, und wir andern fort sind.

Indessen veränderte sich alles; das sanfte Wehen des Stillingschen Geistes verwandelte sich ins Gebrause einer ängstlichen Begierde nach Geld und Gut. Margrethe empfand dieses, und mit ihr ihre Kinder; sie zog sich zurück in einen Winkel hinter dem Ofen, und da verlebte sie ihre übrigen Jahre; sie wurde staarblind, doch hinderte sie dieses nicht an ihrem Flachsspinnen, womit sie ihre Zeit zubrachte."[113]

Abb. 258) Kleines Backhaus aus dem 19. Jahrhundert in Feudingen, Kr. Siegen. Links unter dem Dach die Ofenkuppel. (1972)

Abb. 259) Bauerndorf im Grund bei Hilchenbach, Kr. Siegen, mit Fachwerkhäusern des 18. und 19. Jahrhunderts. Im Vordergrund ein hölzerner Weidezaun. (um 1955)

Anmerkungen

1: Zu nennen ist hier an erster Stelle das Standartwerk von Josef SCHEPERS: Haus und Hof deutscher Bauern – Westfalen. Münster 1960. Daneben erschienen in jüngerer Zeit einige regionale Darstellungen wie etwa von Heinrich STIEWE: Lippische Bauernhöfe des 16. bis 19. Jahrhunderts – ein Beitrag zur ländlichen Hausforschung (= Schriften des Lippischen Landesmuseums, Bd. 1). Detmold 1985; Wilhelm ELLING und Andreas EIYNCK: Ländliches Bauen im Westmünsterland – Ein Beitrag zur Hausforschung und Denkmalpflege (= Beiträge des Heimatvereins Vreden zur Landes- und Volkskunde, Bd. 27). Vreden 1984; oder Helmut OTTENJANN: Zur Bau-, Wirtschafts- und Sozialstruktur des Artlandes im 18. und 19. Jahrhundert (= Materialien zur Volkskultur nordwestliches Niedersachsen, Heft 1). Cloppenburg 1979.

2: So z.B. Hermann KAISER: Herdfeuer und Herdgerät im Rauchhaus – Wohnen damals (= Materialien zur Volkskultur nordwestliches Niedersachsen, Heft 2). Cloppenburg 1980.

3: Siehe zu diesen Quellen allgemein auch P. PROBST: Westfalen in der Kritik des 18. Jahrhunderts. Diss. Münster 1912; Volker GLÄNTZER: Ländliches Wohnen vor der Industrialisierung (= Beiträge zur Volkskultur in Nordwestdeutschland, Heft 12). Münster 1980; sowie Friedrich KEINEMANN: Zeitgenössische Ansichten über die Entwicklung von Wirtschaft, Gesellschaft und Kultur in den westphälischen Territorien in der zweiten Hälfte des 18. Jahrhunderts. In: Westfälische Zeitschrift 120, 1970, S. 399-454.

4: Zum Verbreitungsgebiet des Hallenhauses siehe Wilhelm PESSLER: Das altsächsische Bauernhaus in seiner geographischen Verbreiterung. Braunschweig 1906; sowie Josef SCHEPERS: Das Bauernhaus in Nordwestdeutschland. Münster 1943.

5: Siehe hierzu Ernst SCHLEE: Die Herdstelle im niederdeutschen Hallenhaus. In: Zeitschrift für Volkskunde 51, 1954, S. 77-87.

6: Zitiert nach Franz JOSTES: Westfälisches Trachtenbuch – Volksleben und Volkskultur in Westfalen. 2. Auflage, bearbeitet und erweitert von Martha BRINGEMEIER. Münster 1961, S. 303; Übersetzung nach KAISER, wie Anm. 2, S. 13.

7: Zitiert nach Justus MÖSER: Sämmtliche Werke, Dritter Theil, Patriotische Phantasien. Berlin 1842, S. 143/144.

8: Die beste Übersicht hierzu bei Gerhard EITZEN: Diele. In: Reallexikon zur Deutschen Kunstgeschichte, Bd. 3. Stuttgart 1954, Spalte 1458-1467.

9: Siehe hierzu auch die Übersicht bei SCHEPERS, wie Anm. 1, S. 69-78 und Abb. 42.

10: Hierzu allgemein SCHLEE, wie Anm. 5.

11: Siehe bei KAISER, wie Anm. 2

12: Hierzu Näheres bei Karl-Heinz KIRCHHOFF: Die landständischen Schatzungen des Stifts Münster im 16. Jahrhundert. In: Westfälische Forschungen 14, 1961, S. 117-132.

13: Eine umfassende Darstellung bei Josef SCHEPERS: Ofen und Kamin. In: Festschrift für Jost Trier. Meisenheim a.d.Glan 1954, S. 339-377.

14: Zitiert nach H.J. Christoph von GRIMMELSHAUSEN: Der abenteuerliche Simplicissimus. Abdruck der ältesten Originalausgabe 1669. Halle a.d. Saale 1880, S. 189-197; der Text hier teilweise sinngemäß gekürzt.

15: Gedruckt in: Sammlung der Gesetze und Verordnungen, welche in dem königlich Preußischen Erbfürstenthume Münster... vom Jahre 1359 bis zur französischen Militair-Occupation... ergangen sind. Bd. 1, Hochstift Münster 1359 bis 1762, Münster 1842, Nr. 143, S. 258.

16: Ebenda, Nr. 390, S. 436/437.

17: Gedruckt bei Clemens August SCHLÜTER (Bearb.): Provinzialrechte der Provinz Westphalen. Bd. 1, Provinzialrecht des Fürstenthums Münster... Leipzig 1829, Nr. 39, S. 239-253.

18: Gedruckt ebenda, Bd. 3, Provinzialrecht der ehemaligen Kurkölnischen Grafschaft Recklinghausen. Leipzig 1833, Nr. 24, S. 250-260.

19: Hierzu auch Fred KASPAR: Das offene Herdfeuer in Westfalen und angrenzenden Gebieten. Bearbeitung der Fragen 90 a) und c) sowie 91 der zweiten Umfrage des Atlas der Deutschen Volkskunde. Seminararbeit am Volkskundlichen Seminar der Universität Münster, Wintersemester 1976/77.

20: Zitiert nach J.B. NORDHOFF: Das westfälische Bauernhaus. In:Westermanns Monatshefte 78, 1895, S. 226-249, hier S. 235.

21: Zitiert nach STIEWE, wie Anm. 1, S. 20.

22: Archiv für Westfälische Volkskunde, Münster, Frageliste 24: Öfen und Heizgeräte, ausgesandt 1955, Mskr. Nr. 755, Gewährsmann: Dr. Warning, Berichtsort: Altkreis Halle am Teutoburger Wald.

23: Ebenda, Mskr. Nr. 773, Gewährsmann: Hauptlehrer Möhring, Berichtsort: Isenstedt, Krs. Minden-Lübecke.

24: Ebenda, Mskr. Nr. 765, Gewährsfrau: Elisabeth Reinke, Berichtsort: Thüle, Krs. Cloppenburg.

25: Siehe auch die sehr anschauliche Darstellung bei Josef SCHEPERS: Bilder bäuerlichen Wohnens aus Westfalen und der niederländischen Landschaft Twente. In: Westfälischer Heimatkalender 1951, S. 68-77.

26: Hierzu allgemein Joachim HÄHNEL: Stube – wort- und sachgeschichtliche Beiträge zur historischen Hausforschung (= Schriften der Volkskundlichen Kommission für Westfalen, Bd. 21). Münster 1975.

27: Sie bilden eine Auswahl aus den 82 Berichten zur Frageliste 26, die Stube im Bauernhaus, der Volkskundlichen Kommission für Westfalen. Eine komplette Bearbeitung dieser Frageliste aus der Hand von Sabine HACKE-REUTER erscheint 1987 in der Reihe: Beiträge zur Volkskultur in Nordwestdeutschland.

28: Archiv für Westfälische Volkskunde, Münster, Mskr. Nr. 919.

29: Ebenda, Mskr. Nr. 913.

30: Ebenda, Mskr. Nr. 944.

31: Ebenda, Mskr. Nr. 1027.

32: Hierzu liegen bislang aber leider erst wenige Veröffentlichungen vor, so etwa von Hans-Jürgen VOGTHERR: Bauen im 17. Jahrhundert. Der Aufbau eines Bauernhauses in der Lüneburger Heide im Spiegel einer Baurechnung von 1693 (= Veröffentlichungen des Landwirtschaftsmuseums Lüneburger Heide, Heft 2). Uelzen 1980; oder auch W. HARDENBECK: Was im Jahre 1686 der Bau eines Bauernhauses kostete. In: Mitteilungen des Vereins für Geschichte und Altertumskunde des Hasegaues 16, 1909, S. 49-51.

33: Hierzu allgemein Ulrich FLIEß: Arbeitsgeschirr deutscher Zimmerleute. Werkzeuge und Bilder. Ausstellungskatalog Hannover 1984.

34: Siehe ELLING/EIYNCK, wie Anm. 1, S. 36.

35: Gedruckt bei Josef NIESERT: Beiträge zu einem münsterischen Urkundenbuche. 1. Band, 2. Abteilung, Münster 1823, S. 143.

36:Siehe ELLING/EIYNCK, wie Anm. 1, S. 38.

37: Hierzu sehr detailiert G. LACHNICHT: Die „gemeinen Marken" und ihre Teilung in Lette bei Coesfeld. Lette 1982, S. 66.

38: So wird es jedenfalls dargestellt bei JOSTES, wie Anm. 6, S. 30

39: Archiv für Westfälische Volkskunde, Münster, Mskr. Nr. 3347.

40: Ebenda, Nr. 890.

41: Eine Übersicht bei Christoph DAUTERMANN: Die Frage 188 k) u. l) des Atlas der Deutschen Volkskunde. Seminararbeit am Volkskundlichen Seminar der Universität Münster, Wintersemester 1983/84.

42: Archiv für Westfälische Volkskunde, Münster, Mskr. Nr. 3606.

43: Ebenda, Mskr. Nr. 1779.

44: Siehe hierzu die umfassende Darstellung bei SCHEPERS: wie Anm. 1.

45: So sieht es auch Wilhelm SCHMÜLLING: Hausinschriften in Westfalen und ihre Abhängigkeit vom Baugefüge (= Schriften der Volkskundlichen Kommission für Westfalen, Bd. 9). Münster 1951.

46: Hierzu wiederum SCHEPERS, wie Anm. 1.

47: Eine Zusammenstellung bei Fred KASPAR (unter Mitarbeit von Stefan Baumeier, Christoph Dautermann, Andreas Eiynck, G. Ulrich Großmann, Thomas Spohn, Heinrich Stiewe und Karoline Terlau): Fachwerkbauten des 14. bis 16. Jahrhunderts in Westfalen (= Beiträge zur Volkskultur in Nordwestdeutschland, Heft 52). Münster 1986.

48: Hierzu zuletzt Christoph REICHMANN: Zur Entstehungsgeschichte des Niederdeutschen Hallenhauses. In: Rheinisch-westfälische Zeitschrift für Volkskunde 29, 1984, S. 31-64.

49: Siehe Josef SCHEPERS und Alfons EGGERT: Spieker, „Bauernburgen", Kemenaten – Bäuerliche Speicherbauten im Münsterland. Münster 1986.

50: Siehe Andreas EIYNCK: Mittelalterliche Fachwerkspeicher im Münsterland. In: Konrad BEDAL (Hrsg.): Hausbau im Mittelalter, Band 2 (= Jahrbuch für Hausforschung, Sonderband 1985). Sobernheim und Bad Windsheim 1985, S. 87-113.

51: Freundlicher Hinweis von Herrn Erhard Preßler, IG Bauernhaus im Emsland, Gersten.

52: Desgleichen; Aufmaß: Preßler, 1986.

53: Siehe SCHEPERS, wie Anm. 1, Taf. 34/35. Dendrochronologische Datierung im Auftrag des Westfälischen Amtes für Denkmalpflege, Dr. Fred Kaspar, durch das Ingenieurbüro Tisje, Neu-Isenburg; Aufmaß des älteren Kernbaus: Dautermann/Eiynck, 1987.

54: Freundlicher Hinweis von Heinrich Stiewe, Blomberg-Wellentrup. Dendrochronologische Datierung im Auftrag des Westfälischen Amtes für Denkmalpflege, Dr. Fred Kaspar, durch das Ingenieurbüro Tisje, Neu-Isenburg. Aufmaß: Stiewe/Eiynck, 1987. Siehe auch Heinrich STIEWE: Ein Bauernhaus des frühen 16. Jahrhunderts im östlichen Münsterland. In: Hausbau in Münster und Westfalen (= Jahrbuch für Hausforschung 36/37), 1986/1987, S. 113-134.

55: Siehe SCHEPERS, wie Anm. 1, S. 47ff.

56: Siehe Fred KASPAR und Andreas EIYNCK: Baugeschichtliche Untersuchungen zur Johanniterkommende in Steinfurt. Ein Beitrag zur Entwicklung des mittelalterlichen Holzbaus in Westfalen. In: Westfalen 63, 1985, S. 65-103.

57: Siehe Fred KASPAR: Holzbau – Fachwerkbau. Zur Frühgeschichte des Fachwerks in Nordwestdeutschland. In: Hausbau in Münster und Westfalen (= Jahrbuch für Hausforschung 36/37), 1986/87, S. 237/238.

58: Zitiert nach Werner ROLEVINCK: De Laude antiquae Saxoniae nunc Westphaliae dicta - Ein Buch zum Lobe Westfalens des alten Sachsenlandes. Der Text der lateinischen Erstausgabe vom Jahre 1474 mit deutscher Übersetzung, hrsg. von Hermann BÜCKER. Münster 1953, S. 139-141.

59: Eine Zusammenstellung mit Hinweisen auf die entsprechende Spezialliteratur und Quellen zu den einzelnen Objekten, auf die hier verzichtet wird, bei KASPAR, wie Anm. 47.

60: Eine kurze Abhandlung bei Gerhard EITZEN: Das Bauernhaus im Regierungsbezirk Osnabrück. In: Bäuerliche Kultur und Kunst des Osnabrücker Landes. Ausstellungskatalog Osnabrück 1953, S. 19-33.

61: Eine Dokumentation bei Michael WEHRLING: Der Lehmspeicher in Bockhop. In: Denkmalpflege in Niedersachsen, 1986, S. 58-60.

62: Eine Zusammenstellung bei Gerhard EITZEN: Bauernhäuser aus Mitteleuropa – Aufmaße und Publikationen. Zusammengestellt von Fred Kaspar und Karoline Terlau (= Schriften des Arbeitskreises für Hausforschung 1). Sobernheim/Bad Windsheim 1984.

63: Siehe hierzu z.B. Wilhelm HANSEN und Herbert KREFT: Fachwerk im Weserraum. Hameln 1980, S. 114/115; und SCHEPERS, wie Anm. 1, Abb. 38.

64: Siehe JOSTES, wie Anm. 6, und SCHEPERS, wie Anm. 1.

65: Siehe HANSEN/KREFT, wie Anm. 63.

66: Siehe Volker GLÄNTZER: Der Giebel am Artländer Bauernhaus. In: Volkskunst 4, 1981, S. 223-228.

67: Siehe hierzu auch Joachim HÄHNEL: Zur Methodik der hauskundlichen Gefügeforschung. In: Rheinisch-westfälische Zeitschrift für Volkskunde 16, 1969, S. 51-69, hier S. 62.

68: Zum städtischen Hausbau dieser Region siehe Fred KASPAR und Karoline TERLAU: Hattingen – zum Baubestand einer westfälischen Kleinstadt vor 1700 (= Beiträge zur Volkskultur in Nordwestdeutschland, Heft 24). Münster 1980.

69: Zum Hausbau dieser jüngeren Zeitschichten siehe Gustav WOLF: Die Wandlungen des westfälischen Bauernhofes in der jüngeren Zeit. In: SCHEPERS, wie Anm. 1, S. 523-536.

70: Siehe Josef Bernhard NORDHOFF: Der Holz- und Steinbau Westfalens in seiner culturgeschichtlichen und systematischen Entwicklung. 2. Aufl., Münster 1873, S. 24-26.

71: Siehe hierzu die Zusammenstellung bei Justinus BENDERMACHER: Dorfformen in Westfalen und Lippe. Münster 1977.

72: Zitiert nach F.C. MÜLLER: Beschreibung des westphälischen Bauernhofes. In: Westphälisches Magazin 2, 1786, S. 258-279.

73: Zur ländlichen Baukultur dieses Raumes siehe allgemein Edgar F. WARNECKE: Bauernhöfe – Zeugnisse bäuerlichen Lebens im Land von Hase und Ems. Osnabrück 1984; Josef BÖCKENHOFF-GREWING: Landwirtschaft und Bauerntum im Kreise Hümmling. Jena 1929; OTTENJANN, wie Anm. 1; EITZEN, wie Anm. 60; und GLÄNTZER, wie Anm. 66.

74: Zitiert nach KAISER, wie An. 2, S. 17/18.

75: Zitiert nach Klaus BUßMANN (Hrsg.): Schlaunstudie I, Textteil. Münster 1973, S. 118/119.

76) Siehe allgemein ELLING/EIYNCK, wie Anm. 1.

77: Siehe Gerhard EITZEN: Alte Hausgefüge im Kreise Borken. In: Unsere Heimat – Jahrbuch des Kreises Borken 1955, S. 48-51.

78: Zitiert nach Annette von DROSTE HÜLSHOFF, historisch-kritische Ausgabe, Bd. V, I, bearb. von Walter HUGE. Tübingen 1978, S. 46.

79: [Thomas Lediard]: Der deutsche Kundschafter in Briefen eines durch Westfalen reisenden Engländers aus der zweyten Londoner Ausgabe von 1740, übersetzt von U., dem Verfasser des Kameralisten. Lemgo 1764; zitiert nach JOSTES, wie Anm. 6, S. 102.

80: Siehe Josef SCHEPERS: Der Westmünsterlandhof im Freilichtmuseum Detmold. In: Unsere Heimat – Jahrbuch des Kreises Borken 1974, S. 112-118.

81: Johann Nepomuk von SCHWERZ: Beschreibung der Landwirthschaft in Westfalen und Rheinpreußen. Erster Theil, Stuttgart 1836, S. 42.

82: Zitiert nach E. KUBISCH: Von alten und neuen Bauten im Kreise Borken. In: Heimatkalender der Kreise Borken und Bocholt, 3, 1926, S. 54/55.

83: Zu den Nebengebäuden siehe auch ELLING/EIYNCK, wie Anm. 1.

84: Siehe hierzu auch SCHEPERS/EGGERT, wie Anm. 49; und EIYNCK, wie Anm. 50.

85: Hierzu liegt eine umfassende Darstellung vor von Karl-Eugen MUMMENHOFF: Die Profanbaukunst im Oberstift Münster 1450 bis 1650. Münster 1961.

86: Zitiert nach DROSTE HÜLSHOFF, wie Anm. 78, S. 46ff.

87: Zitiert nach Anton BRUCHAUSEN: Anweisung zur Verbesserung des Ackerbaus und der Landwirthschaft des Münsterlandes. Münster 1790, S. 404-417.

88: Clemens BRENTANO, gesammelte Schriften, Bd. VIII. 1, Frankfurt a.M. 1855, S. 271ff.; zitiert nach Theodor RENSING: Clemens Brentano über das Münsterland. In: Der Kreis Coesfeld 1816-1966. Coesfeld 1966, S. 144-146.

89: Zitiert nach Carl Baron von GOLTZ: Westphälische Idyllen. Herford 1840, S. Vf., 3ff. und 14ff.

90: Siehe hierzu allgemein EITZEN, wie Anm. 60; und WARNECKE, wie Anm. 73.

91: Zitiert nach August Karl HOLSCHE: Historisch-topographisch-statistische Beschreibung der Grafschaft Tecklenburg. Berlin und Frankfurt 1788, S. 199-201.

92: Zitiert nach KAISER, Wie Anm. 2, S. 21-23.

93: Zitiert nach Justus GRUNER: Meine Wallfahrt zur Ruhe und Hoffnung oder Schilderung des sittlichen und bürgerlichen Zustandes Westphalens am Ende des achtzehnten Jahrhunderts. Zwei Teile, Frankfurt a.M. 1802/1803; hier Teil 2, S. 486-489.

94: Zitiert nach JOSTES, wie Anm. 6, S. 103.

95: Zitiert nach JOSTES, wie Anm. 6, S. 104.

96: Zitiert nach Johann Moritz SCHWAGER: Ueber den Ravensberger Bauer. In: Westphälisches Magazin 2, 1786, S. 49-74.

97: Zitiert nach GRUNER, wie Anm. 93, Teil 1, S. 131/132.

98: Zitiert nach Georg Konrad von CÖLLN: Beytrag zur Charakteristik des Lippeschen, Ritbergischen und Paderbornischen Bauern. In: Westphälisches Magazin 1, 1784, S. 49-74.

99: Hierzu zuletzt STIEWE, wie Anm. 1; außerdem Josef SCHEPERS: Der Lippische Meierhof im Westfälischen Freilichtmuseum bäuerlicher Kulturdenkmale in Detmold (= Schriften des Westfälischen Freilichtmuseums 1). Detmold 1982; sowie Wilhelm HANSEN: Hauswesen und Tagewerk im alten Lippe (= Schriften der Volkskundlichen Kommission für Westfalen 27). Münster 1982.

100: Eine Zusammenstellung bei Fritz BOESE: Die Steinwerke (Bauernburgen) auf den lippischen Einzel- und Haupthöfen. In: 10. Jahresbericht des Lippischen Bundes für Heimatschutz und Heimatpflege für das Jahr 1917.

101: Zitiert nach von CÖLLN, wie Anm. 98.

102: Zitiert nach DROSTE HÜLSHOFF, wie Anm. 78, S. 54ff.

103: Zitiert nach GRUNER, wie Anm. 93, Teil 2, S. 102ff.

104: Siehe hierzu auch die älteren Darstellungen von Fritz WALLMEYER: Das Bauernhaus am mittleren Hellweg (= Schriften der Volkskundlichen Kommission für Westfalen 2). Münster 1939; und Albert LANGE: Das Wohnhaus im Ruhrkohlenbezirk vor dem Aufstieg der Großindustrie. Essen 1942.

105: Zitiert nach GRUNER, wie Anm. 93, Teil 2, S. 460/461, 469 und 436/437.

106: Zitiert nach MÜLLER, wie Anm. 72, S. 258-279.

107: Zitiert nach GRUNER, wie Anm. 93, Teil 2, S. 359/360 und 460ff.

108: Zitiert nach: Etwas zur Charakteristik des Landmanns in der westfälischen Grafschaft Mark. In: Neues westphälisches Magazin 2, 1790, S. 185-202, hier S. 189 und 191/192.

109: Zitiert nach GRUNER, wie Anm. 93, Teil 2, S. 469-472.

110: Zitiert nach GRUNER, wie Anm. 93, Teil 2, S. 401-406.

111: Zitiert nach von DROSTE HÜLSHOFF, wie Anm. 78, S. 51ff.

112: Siehe hierzu Annemarie WURMBACH: Hauskundliche Wanderung durch das Siegerland. In: Westfälischer Heimatkalender 1959, S. 59-59; der Arbeitskreis für Hausforschung arbeitet derzeit an der Herausgabe der seinerzeit ungedruckt gebliebenen Dissertation von Annemarie Wurmbach über das Siegerländer Bauernhaus.

113: Zitiert nach Johann Heinrich JUNG-STILLING: Lebensgeschichte. Vollständige Ausgabe, mit Anmerkungen hrsg. von Gustav Adolf BENRATH. Darmstadt 1976, S. 1/2, 6-8, 19, 71-75, 81/82 u. 108.

Bildnachweis

Albers, Domvikar, Münster, 119, 139, 141
Althaus, R., Hagen, 238
Ansichtspostkarten, 235, 236
Archiv Fr. Gogarten, 227
Archiv Güth Verlag, Wiedenbrück, 143,144,146,149
Archiv Mielewerke, Gütersloh, 92
Archiv der Stadt Hattingen, 239
Becker, M., Geisweid, 248, 253, 259
Beyer, Dr., 76, 172, 187
Conrad, Ibbenbüren, 162, 168
Dropmann, Dr., Münster, 3, 120
Eitzen Gerh., Lüneburg, 111, 114, 117
Esseling, Vreden, 31, 91, 113, 115, 116, 118
Hamaland-Museum, Vreden, 43
Heimatverein Burgsteinfurt, 12
Heimatverein Kirchhellen, 216
Holländer, August, Emsdetten, 24
Holtmann, Dr., Markhausen, 250
Kerkhoff, Neuenkirchen 133, 134
Kip, Georg, Nordhorn 97, 98
Landesbildstelle Westfalen, Münster, 95, 96
Landesmuseum für Naturkunde, Hellmund, 1, 4, 74, 136, 201, 225
Langewiesche, Prof. Dr., Bünde, 6, 183, 184, 185, 186, 188
Laurich, Wilh., Vreden, 34, 44
Löckmann, Osnabrück, 19
Niehoff, Leeden-Loose, 51
Pollmann, Bad Driburg, 85, 202, 203
Reichling, Dr. H., Münster, 5, 7, 27, 28, 29, 93, 99, 101, 102, 104, 123, 124, 125, 157, 160, 167
Reinermann, Schöppingen, 87, 88
Risse, Nienberge, 33, 52, 122, 126, 128
Rouppert, Helga von, Wiedenbrück, 32, 45, 84, 145, 147, 148, 150, 151, 152, 153, 154, 155, 156
Schäffer, Friedrich, Löhne, 10, 170, 175, 176
Schäffer, Gottlieb, Löhne, 83
Schepers, Prof. Dr. Josef, 121, 165, 189, 246
Schmitt, Viktor, 9, 161, 169
Schomaker, Langenteilen, 56, 94
Schoneweg, Eduard, Bielefeld, 182
Schulze-Elmenhorst, Münster, 37, 42, 177
Siegel, Reinhard, Hagen, 240
Steinberg, Heinrich, Kirchhellen 221
Stöcker, N., Ahaus, 21, 106, 107, 108, 109, 112
Türck, Delmenhorst, 57
Völker, Laer, 53, 55, 129
Wagner, Hans, Vlotho, 173, 193, 198
Westfälisches Amt für Denkmalpflege, Münster, 8, 18, 77, 78, 79, 80, 81, 86, 127, 171, 190, 191, 192, 195, 200, 230, 247, 249, 251
Wiemers, Dr., Münster 103

Privatbesitz 11, 22, 23, 26, 30, 35, 36, 110, 132, 142, 204, 205, 206, 207, 211, 217, 226, 229, 232, 233, 234, 241, 242, 257, 258

Alle übrigen Fotos oder Reproduktionen wurden von Mitarbeitern der Volkskundlichen Kommission für Westfalen im Landschaftsverband Westfalen-Lippe, Münster, erstellt.